Nature・Travel・Life

自然生活記趣
台灣蛇類特輯

江志緯 曾志明 著

目錄

SNAKES of
TAIWAN

推薦序

01

冷血與熱血交炙

許釗滂
專業攝影師

我跟江志緯（小黑）及志明的相識起源於拍攝兩棲生態，在台灣專注拍蛇類的人不多，小黑與志明兩人都不是研究蛇類的專家，卻走上對蛇性的理解實為難得。

志明就讀的是中興大學昆蟲系，實質上跟兩棲生態並無關連，志明利用調查昆蟲之餘把兩棲生態紀錄當作興趣，沒想到一頭栽進蛇的世界。而志明跟小黑的因緣結合是八年前在同一個地點拍攝蛙類而相遇、相知，在拍攝蛙類時遇到蛇的機率非常高，就食物鏈來說，有蛙的地方就有蛇，當時他們兩人同時目睹了一條蛇在吞食青蛙的過程，進而引發了對蛇類習性的興趣，開始研究蛇類的特性及生態，而後兩人時常相約拍攝蛇跡，只要有蛇的蹤跡他們都不會放過。

有幾次的拍攝過程裡我也親自參與過，記得有一次花蓮的朋友在林道發現一條百步蛇，當晚我們立刻驅車直奔花蓮，就因為要拍這隻百步蛇，不管路途多麼遙遠，近乎瘋狂勇往直前毫不退縮，這樣的戰鬥精神與源源不絕的熱情在小黑跟志明的身上一直燃燒著。更令我佩服的是，在台灣只要有兩棲爬蟲生態的棲息地，他們兩人都會在不同的時間與季節屢次的造訪，就像我對合歡山的摯愛，這是攝影家獨具的熱情與執著！除了台灣本島，澎湖、綠島、蘭嶼、金門、馬祖等地，不論低海拔、高海拔到處都有留下他們造訪的足跡。

當我第一眼看到這本書的初稿，驚艷之餘更顯開心；驚艷的是兩人能把台灣的蛇類特性記錄的這麼詳細，拍攝的這麼細膩，不論是有毒的還是無毒，從出生、交配、死亡，到蛇類生活的環境與習性，透過鏡頭完整的呈現台灣約47種(註)蛇類的生態，在台灣從事自然生態專業攝影的我不得不佩服萬分！開心的是八年來他們兩位默默的耕耘，冒著生命危險用影像記錄蛇類的生態美學，除了構圖、色彩，以至於被蛇咬到差點送命的處理過程，都毫不保留的記錄下來，透過教育的思維呈現，希望把台灣蛇類習性完整記錄，可以說是活生生的一本蛇類鄉土教材。

這本書的誕生，從美學的角度來看不僅只是記錄生態而已，已經跳脫出自然生態範疇，從人類與生物的互動中，更提醒我們生態保護的重要性，生存本身就是一種獨特的美學。如何維持大自然序列的平衡，需要我們共同努力。
本書付梓之際，感動之餘以此為序。

註：目前種類已增加至50種

推薦序

與蛇會面-空前完整台灣蛇類生態及蛇信記錄

許世祥
花蓮慈濟醫學中心骨科主治醫師

數年前和台大骨科楊榮森教授合編，由力大出版社出版 ” 臨床傷口醫學”(2012年台大優良教材獎) 書籍時，書中有關蛇咬傷一節，內容亟需台灣蛇類精美照片，當時上網搜尋，發現志緯和志明兄在他們的網頁中已拍下許多專業水準的台灣蛇類照片，堪稱我們所見最好的作品，聯絡以後，他們慨然應允提供照片於我們書中，令我們的出書大大增色，由此結下這段恩緣。

蛇類生態攝影是有相當的危險與困難度，攝影者首先要備好完善器材裝備，找尋不同蛇種，耐心等待多方取景，用準確的曝光與補光，瞬間霎那拍下快速移動蛇體，還要加點幸運，才能得到完美的作品；志緯與志明他們做到了，更難能可貴的是能將台灣本土約47種 (註) 蛇類的蛇信清晰拍齊，這絕對是空前的成果。由於生態的變化，有些蛇類越來越罕見 ，所以他們也極有可能留下絕後的記錄。

同為攝影愛好者，我不得不讚嘆他們書中作品的其他特色；我發現他們於各種蛇類都能拍下多樣豐富生態，如幼蛇、蛇卵、破卵殼蛇嬰、不同顏色蛇體變異、捕獲進食、受侵擾驚嚇、預作攻擊等；此外，拍攝各種蛇類的細膩度，讓讀者能從全照、近照、細部特寫、特徵角度來欣賞各種蛇類；由於能拍下清晰分辨的照片，進而得以教讀者如何作相似蛇類的分辨；並且總合16種台灣毒蛇於一圖頁，讓讀者可以快速地藉由圖片對毒蛇留下印象；簡易內文加上豐富多樣圖片，輔以輕鬆拍攝過程記錄，讓讀者可以輕易快速了解認識台灣蛇類。

樂見志緯與志明十餘年來以堅毅耐操精神協進，秉不減傻勁與熱情共助，行冒險與患難深山蛇類攝影，終能把本書成功地呈獻於此，想要藉由精彩攝影圖片來了解認識台灣蛇類，這本專輯絕對是讀者最佳首選；很高興與有榮焉地在此為序，將這對愛台灣的弟兄大作推薦給大家，大家肯定要喜歡他們的作品。

註：目前種類已增加至50種

欣賞蛇的美

楊雅雯
國立溪湖高中生物科教師
國立東華大學兩棲類調查志工彰化團隊隊長

自古以來只要提到「蛇」，膽子小一點的倉皇奔走，膽子大一點的抄起長棍。再加上學校教育只介紹台灣六大毒蛇，所以無毒蛇族毫無登場機會。導致現在一般人只要看到蛇，就以為一定是毒蛇，而大人的無知與恐懼，讓許多孩子還沒有機會了解蛇，就先對牠貼上邪惡的標籤。其實，大部分的蛇很少主動攻擊人，劇毒的更少，且對生態平衡有重要的貢獻。

基於這樣的想法，我帶著生態社或研習營的學生上山下海，總是努力讓學生了解，生物的價值與生態的美，就算是人人喊打的蛇也不例外。學生第一次遇到蛇，大多非常害怕，以為所有的蛇都是毒蛇。經志明講師解說後，牠優雅、神秘、迷人，略帶一點威脅性的氣質，馬上就擄獲所有人的心。很高興志明和志緯出版了這一本書。此書以大量照片、輕鬆的語調呈現，就像在和好友分享他們認識蛇、拍攝蛇的點點滴滴，讀來十分親切有趣。不論是想對蛇多一點了解的入門者，或是把它當作蛇類圖鑑的觀察家來說，都是一本不可或缺的好書。

志明擔任過數次我們生態營的講師，因為山上的那一隻百步蛇，我有幸認識了「台灣忍者龜」--一個很特別的攝影團體。他們年輕有活力且創意十足。一開始只是單純玩夜拍，拍著拍著，就愛上了蛇；蛇拍著拍著，想挑戰點不一樣的—拍蛇信！於是，一群人在漆黑的森林裡，或蹲或跪圍繞著一隻蛇，不斷的對牠呵氣，以期望牠吐出蛇信來感受這怪怪的「氣味」，這是多麼得來不易的照片！他們雖然多不具有生物學相關背景，（我都笑志明是昆蟲系爬蟲組）但他們積極、好學，勇於挑戰、互相扶持的精神，是這成就這本書最重要的關鍵。

作者序

探索『長蟲』世界，從陌生、害怕，
從對牠敬而遠之，轉變為專程上山尋找...

在探索不可思議的『長蟲』過程裡，〔自然生活記趣-台灣蛇類特輯〕是一本故事，也是一本圖鑑。內容除了有蛇類基本的介紹，還包括我們野外記錄的點點滴滴。筆者（江志緯與曾志明）平時就喜歡看一些生態相關的書籍，也喜歡記錄生態相關的影像，更喜歡相約一起上山賞蛙、找蛇、喇低賽。

一開始，蛇類多半只是偶爾遇見才順便記錄，但隨著野外夜間野探的次數增多，與蛇接觸的機會也隨著增加，漸漸地從陌生、害怕，對牠敬而遠之，轉變為專程上山尋找，每次出門都期待有大景可以拍哩！

台灣的蛇類分布甚廣，目前陸棲蛇類約有47種(註)，從郊區、田野、路旁，低海拔至高海拔等各種不同的環境裡，均孕育著不同的蛇種，如生活在低海拔水域中的鉛色水蛇及僅分布在高海拔的菊池氏龜殼花。有些數量稀少，有些難得一見，因此拍攝蛇類還相當具有挑戰性。藉由記錄，也讓我們更了解牠們，這也是愛上拍攝蛇類的主要原因。

當我們著手撰寫此書的3年間，仍有2種蛇類尚未完成蛇信記錄，而筆者江志緯才剛新婚不久，曾志明也忙著課業，兩個人很難擠出相同的空閒時間一起上山記錄，因此在這段時間裡，要完成最後的部份也真不容易，也因為這樣而停頓了約2年之久。

此書的完成，由衷的感謝給予協助的朋友（依姓氏筆劃排列）：汪仁傑（阿傑）、何俊霖（hoher）、凃昭安（小安）、游崇瑋（四海游龍）、楊胤勛（小勛）、賴志明（奎志明），也感謝王世宇（小寶）、劉茂炎（風雲子阿伯）先生不辭辛勞、熱情幫忙。 感謝此書的最大推手- 吳晉杰先生的包容與支持，以及辛苦的工作團隊，沒有你們的幫忙，就不會有這本書的出版。希望此書〔自然生活記趣 - 台灣蛇類特輯〕可以引發更多人對於蛇類的興趣，期待更多人注意、關心，並保護牠們。

註：目前種類已增加至50種

江志緯　曾志明

前言

一提到「蛇」這個字，
身邊的人總是馬上露出驚恐、厭惡的表情，
會有如此的反應，
我想應該與小時候長輩所灌輸給我們的負面資訊有關，
再加上電視或電影的渲染，
時常看到蛇將人勒住或是吃人的畫面，
因此認為蛇是一種既神秘又恐怖的生物。

隨著資訊的發達，不管是透過書籍還是網路，
都可以輕易地找到許多精美的照片以及蛇的相關知識，
加上大家生態保育的觀念提升，
現在的民眾對蛇的恐懼已經不像從前那樣，
以筆者的經驗而言，甚至有許多小朋友非常喜愛蛇類，
在野外觀察時還會特別想要看牠一眼，
或是爭先恐後的拿在手上把玩，
剛開始看到這情景時，的確會令人大吃一驚，
不過這現象對於蛇來說是件好事，
至少應該會減少無辜被打死的個體。

以生態角度而言，
蛇類在食物鏈中，
可是扮演了舉足輕重、不可或缺的角色，
例如蛇類可抑制鼠類的數量，
若蛇類大量的減少，則會為人類帶來嚴重的鼠害。

放下心中對蛇的恐懼與誤解，多了解牠們，
仔細觀察就不難發現蛇類的美麗之處，
其多變的體色、花紋及優美的姿態，特殊的結構等，
透過相機與鏡頭的詮釋，皆令人大為讚嘆。

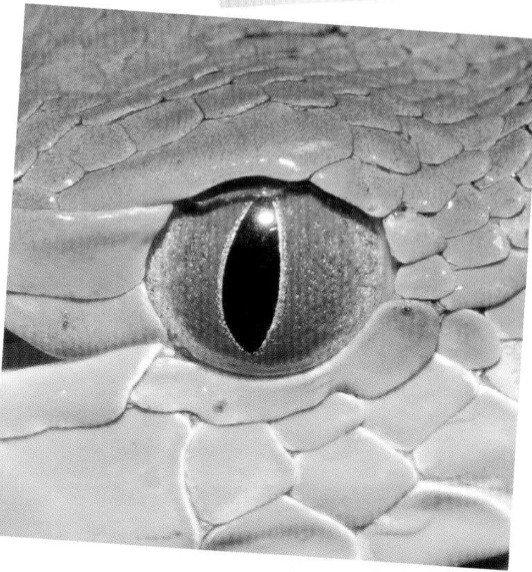

09

Chapter 1

外形介紹

「濕濕、黏黏的，很噁心」

很多人對蛇的第一印象多半是如此，

但若仔細觀察，

事實上並非是你想像中的濕黏！

蛇的身體外包覆著鱗片，而鱗片上無腺體分佈，

所以蛇的身體是非常乾燥的。

蛇的鱗片有些是光滑，有些則具有稜脊，

在不同的部位則有不同的名稱，

有保護、防禦、運動等功能。

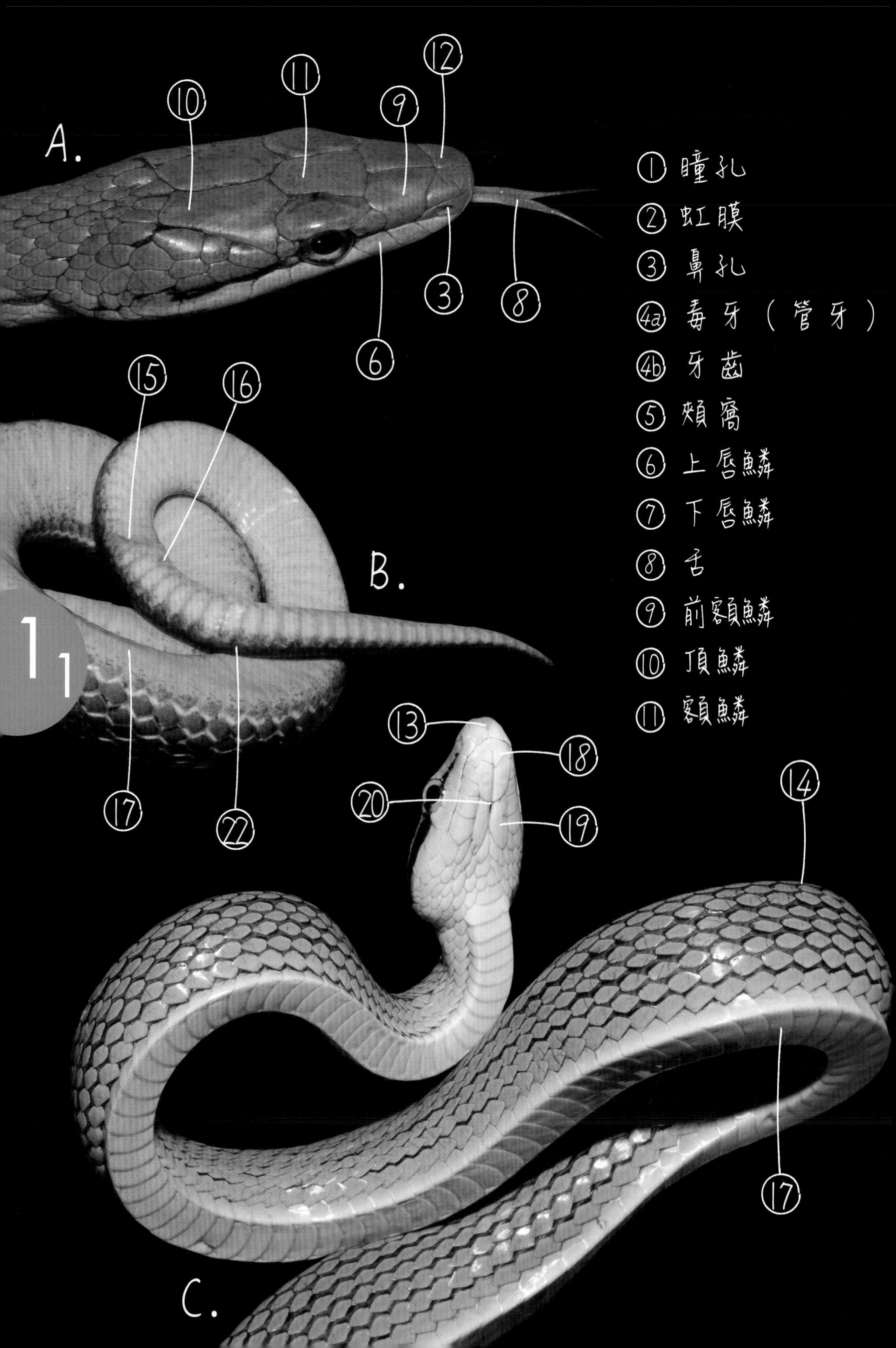
A.
B.
C.
① 瞳孔
② 虹膜
③ 鼻孔
④a 毒牙（管牙）
④b 牙齒
⑤ 頰窩
⑥ 上唇鱗
⑦ 下唇鱗
⑧ 舌
⑨ 前額鱗
⑩ 頂鱗
⑪ 額鱗
1 1

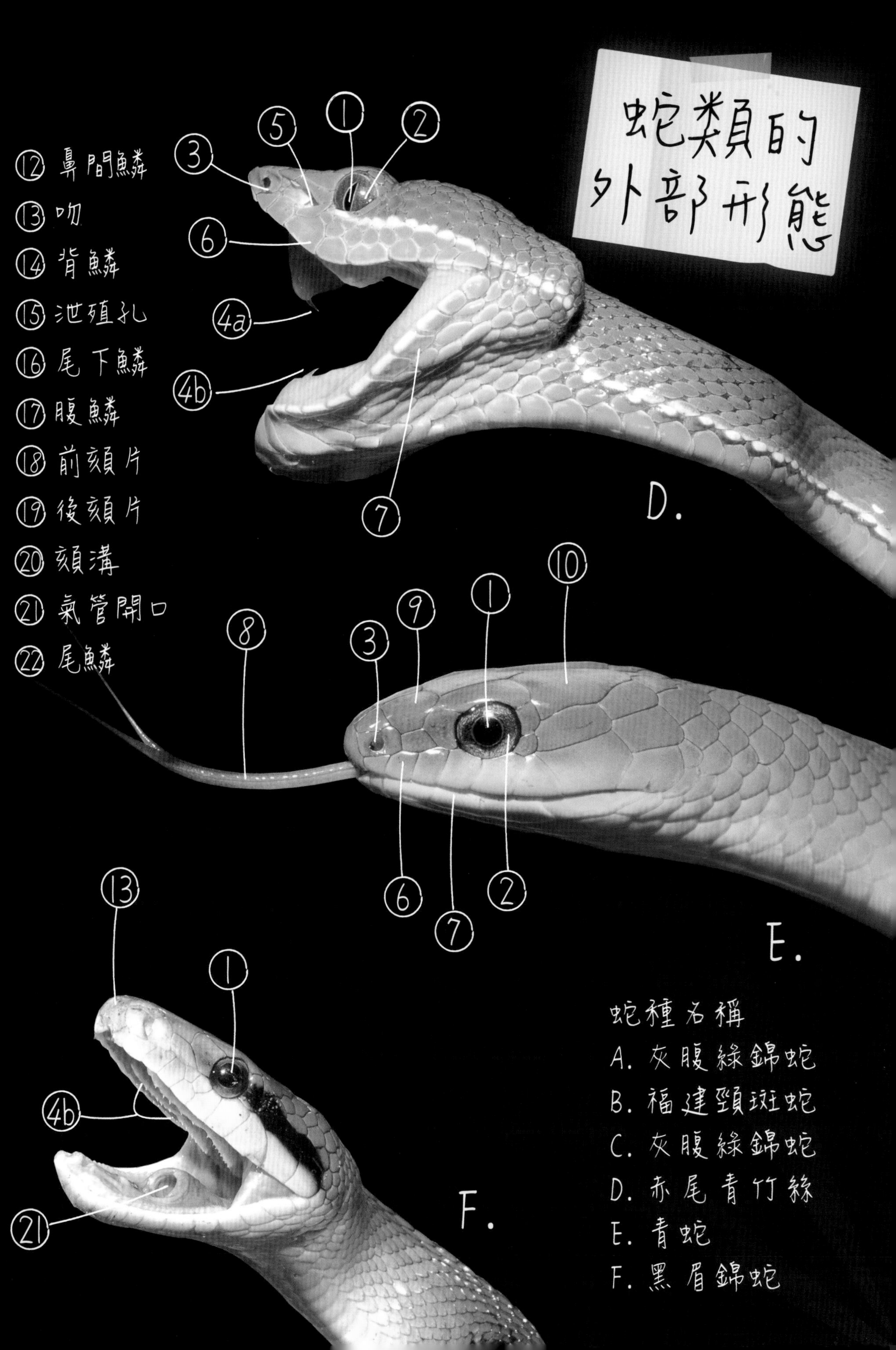
蛇類的外部形態
⑫ 鼻間鱗
⑬ 吻
⑭ 背鱗
⑮ 泄殖孔
⑯ 尾下鱗
⑰ 腹鱗
⑱ 前頦片
⑲ 後頦片
⑳ 頦溝
㉑ 氣管開口
㉒ 尾鱗
3
5
1
2
6
4a
4b
7
D.
8
3
9
1
10
6
7
2
E.
13
1
4b
21
F.
蛇種名稱
A. 灰腹綠錦蛇
B. 福建頸斑蛇
C. 灰腹綠錦蛇
D. 赤尾青竹絲
E. 青蛇
F. 黑眉錦蛇

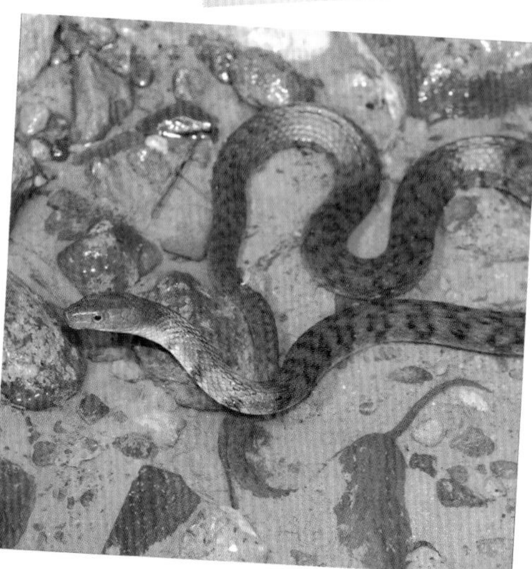

Chapter 2

習性

想要在野外觀察蛇類，首先要做的功課是
「蛇都是在什麼時間出現？」
「在哪些環境比較容易看到？」
一般來說，炎熱的夏天是蛇類活動最頻繁的季節，
時間上則因種類而異，
有些種類偏好白天活動，有些偏好晚上活動，
部分種類在白天或晚上都有機會見到。

蛇類生活的環境相當多樣，
從住家附近、田野、低海拔山區到高山，
不管是陸域還是水域的環境，
都可以看到牠們的蹤影，
因此在生活中稍加留意，
說不定在住家附近就有許多意外的驚喜！

日、夜行性

以白天活動為主的斯文豪氏遊蛇

主要在夜間活動的雨傘節

青蛇較偏好於晨昏活動

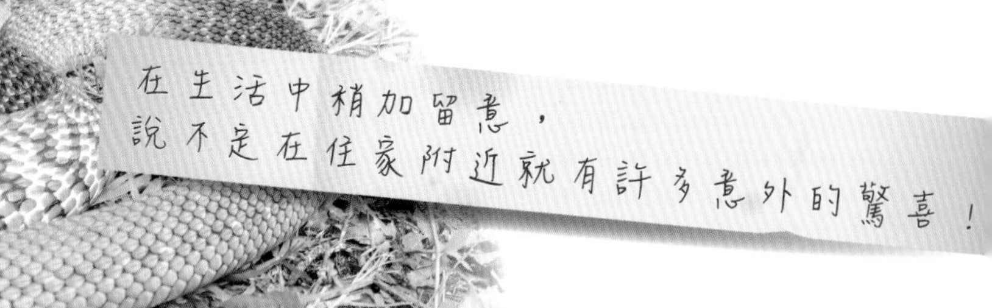

在生活中稍加留意，
說不定在住家附近就有許多意外的驚喜！

多樣的生活環境

常出現在水域環境中的草花蛇

住家附近常見的蛇ー臭青公

低海拔山區是出現種類最豐富的環境，圖為喜愛在底層活動的鐵線蛇。

棲息在東、南部低、中海拔山區森林中的灰腹綠錦蛇

高海拔地區由於氣候較為寒冷，能見到的蛇類並不多，圖左為台灣赤煉蛇，圖右為菊池氏龜殼花。

Chapter 3

食物

「蛇是吃素還是吃葷的？」
提出這個問題時，
許多人臉上會出現疑惑的表情，
似乎不是很確定自己的答案。

其實不用懷疑，
蛇類是標準的肉食主義者。
蛇是吃肉的，那食物有哪些？
天上飛的、地上爬的、水裡游的，
都可能是蛇餐桌上的佳餚，
有些種類食性較廣，很多都吃，
有些則比較挑嘴，例如赤背松柏根，
主要以卵（革質卵）為食，
鈍頭蛇則偏好捕食蝸牛或蛞蝓。

蛇的食物

「蛇是吃素還是吃葷的？」

赤背松柏根主要以其他爬行動物卵為食

正在吞食雞蛋的臭青公

蛙類是許多蛇的食物之一，圖為正要捕捉梭德氏赤蛙的赤尾青竹絲

水蛇主要以水中的動物為食，圖為正在捕食泥鰍。

雨傘節食性相當廣泛，幾乎什麼都吃，
圖為正在吞食黑頭蛇。

赤尾青竹絲捕食蛙類

茶斑蛇多以其他兩棲爬蟲動物為食，
圖為捕食麗紋石龍子。

大頭蛇的食物為小型鳥類與蜥蜴，
圖為正在吞食綠繡眼。

斯文豪氏遊蛇主要以蚯蚓等為食。

正在吞食老鼠的黑眉錦蛇

鈍頭蛇食性較專一，主要以蝸牛、蛞蝓為食。

駒井氏鈍頭蛇覓食

在蛇類的食物中，
鈍頭蛇的吃相可以算是最特別的了。
一般蛇類都是一口吞下所捕獲的獵物，
而鈍頭蛇的食物—蝸牛，並不是直接吞下，
這有趣的過程如下：

1.發現蝸牛

2.從後方接近，準備發動攻擊

3.一般是從蝸牛的左後方咬住蝸牛的身體

4.蝸牛受到攻擊後身體會縮入殼內

5.將下顎伸入蝸牛殼內，利用前方細長的牙齒刺入蝸牛體內，再將蝸牛身體拖出。

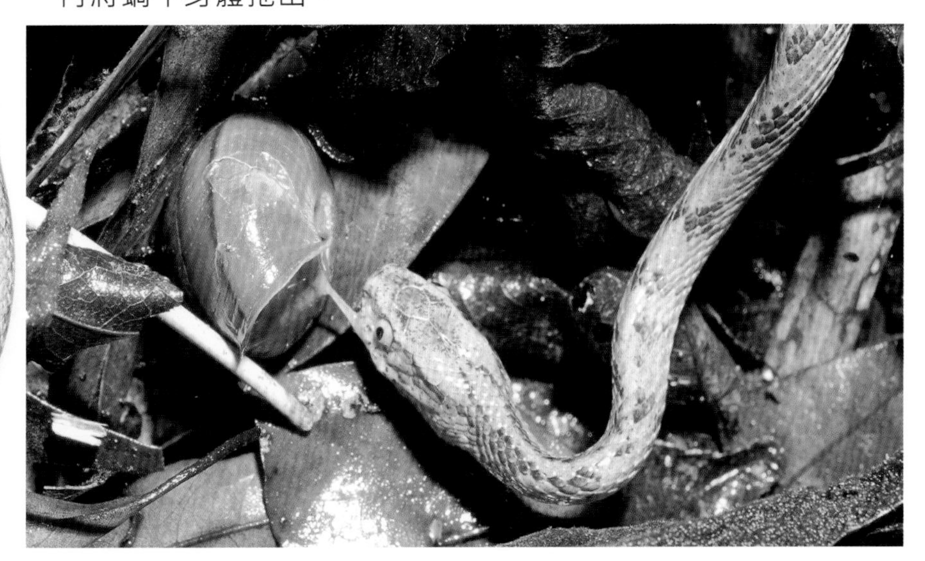

6.吃完後，會將蝸牛的黏液抹掉。

Chapter 4

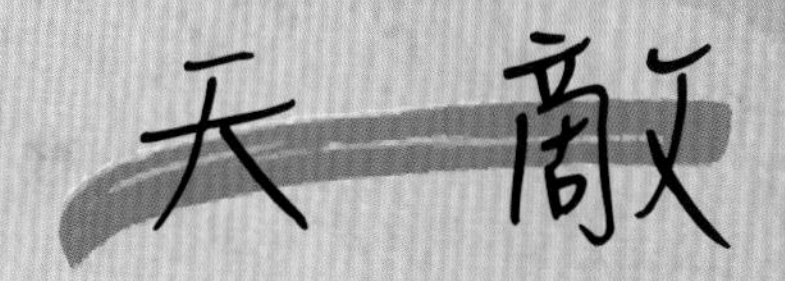

蛇的食物有這麼多種，
那牠又是哪些動物的食物呢？
例如：節肢動物（蜈蚣、螃蟹等），
鳥類、哺乳類、甚至是蛇自己本身。

不過，在這些天敵之中，
目前最大的殺手應該是人類，
人不僅會吃蛇肉、捉蛇泡藥酒，
棲地的破壞、低海拔山區過度的開發，
導致蛇類數量已大不如前，
現在能看見蛇是一件非常幸福的事。

蛇的天敵

鳥類中的猛禽許多會捕食蛇類，圖為蜂鷹捕捉一條青蛇。

鳥類除了猛禽以外，性情較兇悍的棕背伯勞也會捕食蛇類。

無脊椎動物中，體型較小的螞蟻或是體型較大的螃蟹等可能是小型蛇類的天敵，圖為拉氏清溪蟹正在啃食鐵線蛇。

不少的哺乳類也會吃蛇，
如圖中的白鼻心正在捕食鈍頭蛇。

蛇也是蛇的天敵，
圖為雨傘節正在吞食黑頭蛇。

赤背松柏根是其他爬行動物蛋的愛好者

Chapter 5

防禦

「蛇是一種很膽小的動物」
相信這句話很多人會不認同，
因為不管是從電視、電影還是老一輩的人所描述，
蛇都是具有強烈攻擊性的恐怖生物，
但事實上卻剛好相反，
除了少數種類外，
大部分的蛇一看到人，
總是先逃之夭夭，
來不及逃走的只好展開防禦的行為，
如威嚇、張嘴攻擊、將頭藏在身體下、
尾巴盤成螺旋狀或用尾巴的角質尖刺反擊等，
以保護自己，降低身體的損傷。

禦敵策略

「虛張聲勢」是許多蛇類會用的招數，一旦遇到危險，會將身體前段抬起，並把身體撐大，讓敵人覺得牠並不好惹，有些種類還會發出嘶嘶聲響，或是排出具有臭味的液體、排泄物，如以下圖：

1.草花蛇

2.白梅花蛇

3.臭青公

4.台灣赤煉蛇

5.眼鏡蛇

6.南蛇

7.鈍頭蛇

8.茶斑蛇

有些蛇類遇到危險的反應相當有趣，
不逃跑也不攻擊，
反而是將頭藏在身體底下（圖10.11.），
以保護較脆弱的頭部，
少數種類還會將尾巴盤成蚊香狀（圖9），
露出顏色較鮮艷的腹部花紋。

9.羽鳥氏帶紋赤蛇

10.雨傘節

11.鈍頭蛇

脾氣比較不好的蛇類，
會直接張嘴反擊（圖12.14.），
或是在被捕捉時用身體其他部位攻擊，
如尾巴的角質尖刺（圖13.），
好讓敵人知道牠的厲害。

12.大頭蛇

13.鐵線蛇

14.紅斑蛇

Chapter 6

蛇與人關係

「你怕不怕蛇？」

相信很多人會馬上且毫不猶豫的說：「怕！」

「為什麼會怕蛇？」

講出來的原因多半是很恐怖、有毒、會咬人、很噁心等，

但這些人裡頭，

我想很多人是沒看過幾次蛇，甚至是從沒有看過的，

所以這是什麼原因造成的？

小時候長輩會說，

蛇是一種邪惡的動物，碰不得，

甚至會用更激烈的手段將蛇打死，

避免咬到其他人。

因此，

從小在這種想法中成長，

長大後當然就會有怕蛇的恐懼。

如何克服對蛇的恐懼

33

人一出生就會怕蛇？
小朋友如果沒有被灌輸許多不當的訊息，
其實並不會懼怕蛇類。

只要不怕蛇，便可以直接與蛇來個親密接觸。

會怕蛇的人，只要方法適當，
也可以消除心中的恐懼。

喜愛蛇類的人，看到蛇則會馬上拿出相機，
留下牠美好的蛇影。

Chapter 7
野外記錄與觀察裝備

蛇類活動時間

可大略分為日行性、夜行性或日夜均會活動，

所以要觀察牠們，

在時間上的選擇是相當重要的，

才能夠比較容易欣賞到牠們的身影。

不過在出發前，基本的準備是必需的，

進入人跡罕至之山區，雖然充滿神秘與挑戰性，

但最好能找伴同行，

且裝備準備齊全，以舒適便利為原則。

野外記錄與觀察裝備

一、衣服

最好穿著長袖上衣，除可保護外，也可減少蚊蟲叮咬。

二、褲子

盡量選擇以耐穿、耐磨的褲子為佳。

三、帽子

可選擇頭巾代替，而帽子的帽沿以不遮擋視線為佳。

四、鞋子

雨鞋為佳，也可選擇登山鞋，並搭配舒適的襪子。

五、手電筒

以使用時間長及攜帶方便為主，但需準備備用電池及其他手電筒，以防手電筒沒電的狀況發生。

六、攝影機與相機

除可記錄外，也可使觀察添增許多樂趣。

七、蛇勾

目前市面上均有販售這種方便攜帶的觀察工具，因為並不是蛇夾結構，所以不會傷害到蛇類，使用上也非常方便，也可用登山杖代替或就地取材製作。

八、藥品

以攜帶方便為佳，最好是能夠隨時放在口袋（如OK蹦），但如果被蜜蜂叮或蛇類咬傷都應立刻就醫。

Nikon

Chapter 8

攝影簡介

當人遇見蛇類時，
往往都會覺得蛇會咬人，總是會敬而遠之，
更何況是要幫牠們拍照呢！
其實這一點也不難，
早期進行蛙類攝影時，常會遇見的就是蛇。
一開始也是對蛇有所恐懼與誤解，而有點害怕蛇，
但從開始拍攝蛇類並試著去了解牠們後，
變化多端的顏色、花紋，
或優美的姿態、特殊的結構等，
無不令人瘋狂著迷，想多看幾眼，
也因此我們在網路上戲稱自己為「台灣忍者龜」，
並且開始記錄大家都怕的蛇。
由於生態環境不斷的遭到破壞，
許多種類已不容易遇見，
的確是十分可惜的一件事。

野外尋找蛇類是攝影最大的難題，畢竟蛇不像青蛙那樣會發出鳴叫聲，所以也只能靠著我們的雙眼去尋找，因此時間的選擇就非常重要，不同的種類有不同的棲息習性，要怎麼遇見牠們呢？有時得看自己的努力及運氣了。

夏、秋兩季天氣較溼熱，是容易遇見蛇的季節。一大清早，許多蛇類會開始出來曬太陽以維持體溫，日行性的蛇開始出來活動，是白天觀察蛇類的最佳時機。而黃昏時刻，太陽正準備下山時也是尋找蛇類不錯的時間。此外，更理想的時刻則是晚上。

要使用什麼相機拍攝蛇呢？其實沒有規定要用什麼相機，現今的相機非常的普及，甚至許多手機都有拍照功能，已不像從前非得使用底片的傳統相機才能記錄，也因此使用相機記錄的人已經是非常普遍，而影像品質也越來越進步。

• 下圖為使用手機拍攝菊池氏龜殼花照片：

照片中的蛇在靜止不動時是手機拍攝的最佳時機，此時如果對焦正確、不晃動，手機攝影品質不差，一般也都能拍出好照片。

不過不可否認的是，手機終究是手機，拍攝記錄蛇類還是需要使用功能較齊全的數位相機，才能記錄更完美的影像。

相機的選擇

選擇使用高畫質的相機，以攜帶方便、影像品質優為佳，最好有手動功能、對焦速度快及能防手振為第一考量，或選擇DSLR數位單眼相機，這是追求影像品質者可以考慮的，不過仍需有可交換鏡頭的機種較為理想。

• 使用有手動功能的數位相機記錄眼鏡蛇。

• 使用DSLR數位單眼相機記錄大頭蛇。

認識台灣蛇類名稱

請見本書蛇類的介紹。

如何拍好蛇類照片

(1)理 想 的 測 光：攝影者必須根據光源的方向，做選擇性的測光。正確的曝光為獲得優秀影像的基礎，適當的曝光才能獲得預期的效果。

(2)預 設 拍 攝 條 件：這是野外在未遇見蛇時最值得注意的，先預設拍攝條件，才不會在蛇忽然出現時來不及準備而手忙腳亂。

史丹吉氏斜鱗蛇在剛見到時頸部常會擴張，在預設條件下才能及時捕捉此畫面。

(3)多樣的構圖：拍攝者不妨試著移動自己的相機，採直式、橫式，左移、右移，仰視、俯視等多種角度的改變，尋找最合適的理想畫面後，再按下相機快門。

(4)耐力的培養：耐力是初學者最大的考驗，不要把得失看得太重，應輕輕鬆鬆、快快樂樂，這次失敗了，下次再繼續努力。

(5)了解蛇的習性：不同種類有不同習性，熟悉牠們的習性，往往可以拍出好照片。

(6)拍攝移動中的蛇：當蛇移動時可考慮將感光度調高，以提升快門速度，使相機不至於因快門速度太慢而造成影像模糊。

(7)拍攝停棲中的蛇：靜態時可考慮將感光度降低，以提升影像品質。

(8)特殊畫面的捕捉：如初遇時的現場照、蛇吐信、蛇張嘴、蛇覓食、蛇生氣時的畫面及特殊行為等，都應把握機會，即時捕捉瞬間的畫面。

(9)多拍：其實不論是全身照或特寫都可以嘗試多拍，以拍蛇信為例，不可能只拍一張就絕對會成功。

• 多拍能順利捕捉到青蛇的舌信。

• 此張舌信未完整。

鏡頭的運用 (以DSLR數位單眼相機為例)

(1)初學者可以考慮使用105mm macro以上鏡頭及70~300mm macro變焦鏡頭：此種鏡頭可以與蛇保持較遠的距離，也可安全的記錄蛇類特寫，但缺點就是在拍蛇的全身時，與蛇的距離較遠，所以如果是夜間拍攝的話，閃光燈常無法如預期的補光，再者只能限幾個角度拍攝。

• 使用105mm macro鏡頭拍攝雨傘節。

• 長鏡頭可以在較遠的距離拍攝雨傘節頭部特寫。

(2)使用60mm macro鏡頭：這是我們較常使用的鏡頭，此類鏡頭拍攝蛇類的全身非常適合，也能拍出蛇類的特寫，不過拍蛇類特寫時與蛇的距離很近，因此較不建議初學者嘗試。

• 使用60mm macro鏡頭拍攝百步蛇。

• 60mm macro鏡頭拍特寫時景深較長畫面較清晰，但不建議初學者嘗試。

(3)魚眼鏡頭的運用：此種鏡頭適合拍出帶景的照片，較能拍出理想的場景，不過用於近距離拍攝蛇較危險，較不建議一般人使用。

• 使用15mm魚眼鏡頭拍攝赤尾青竹絲。

• 魚眼鏡頭能拍出現場的環境，但不建議初學者使用。

蛇為爬行動物的一員，
身體表面乾燥且包覆著鱗片，
其分類階層為：

- 動物界
  - 脊椎動物門
    - 爬行綱
      - 有鱗目
        - 蛇亞目

Chapter 9

蛇類種類介紹

目前台灣的陸棲蛇類約有50種，分屬：

1. 盲蛇科：眼睛退化成眼點，尾巴短且末端有角質化尖刺，台灣目前記錄1種(恆春盲蛇近幾十年已無採集紀錄，故本書未列入)；
2. 蟒科：1種，僅分布於金門；
3. 黃頷蛇科：種類最為豐富的一科，多半為無毒蛇，少數種類為具有後溝牙的微毒性蛇種，台灣目前記錄有32種；
4. 水蛇科：2種，具有後溝牙的微毒性種類，胎生，眼睛與鼻孔皆位於頭部上方的位置，以適應水域環境；
5. 鈍頭蛇科：3種，下頜不具有頦溝且左右鱗片不對稱，以蝸牛及蛞蝓為食；
6. 眼鏡蛇科：具有前溝牙之毒蛇，以神經性毒為主，陸棲性種類台灣記錄約5種；
7. 蝮蛇科：具可活動之管牙，毒性以出血性為主，部分攻擊性較高，目前台灣記錄6種，1種為蝮蛇亞科(鎖蛇)，其餘5種皆為響尾蛇亞科。

小時候，爸爸喜歡在院子裡「拈花惹草」，種了許多大大小小的花卉植物，在幫忙老爸移盆或換盆時，常常會看到花盆底下躺著一隻奇怪的蚯蚓，身體非常的光滑，不像蚯蚓那樣的濕黏，輕輕拿起捧在手心仔細一瞧，居然還會伸出舌頭，牠是蚯蚓嗎？其實牠是台灣最小的蛇－盲蛇！移動的方式也很有蛇味，並非是蚯蚓的前後伸縮運動。不過近年來環境開發嚴重，想再見到牠可要多一些運氣，下次大家看到奇怪的蚯蚓時不妨多多觀察，很有可能會是盲蛇喔！

盲蛇為台灣體型最小的蛇類

體色多為紅褐色

常會被誤認為蚯蚓

體色為黑褐色個體

腹鱗與體鱗大小相似，與一般蛇類的大型腹鱗不同

眼睛退化，並隱藏在鱗片之下

身體具有鱗片，而蚯蚓則無

尾巴短呈角質尖刺狀

「小黑,我看到了,趕快過來這裡」電話才一掛斷,馬上跟小黑騎上摩托車,火速趕往大蛇的出沒地區,路途中還祈禱著大蛇多停留一會兒,我們才能一睹那美麗的丰采!抵達後,看到一臉驚恐的友人站在那,也真是辛苦他了,他其實只是跟著來玩的,想不到就被他發現了我們來金門的目標,又再一次的驗證了「新手運」的存在。不過這大蛇可不是好惹的,初次相遇便頻頻展開攻勢,雖然牠沒有毒性,但是被咬到也不是好玩的,遇到了可要當心阿!

成蛇

在寵物市場上俗稱「Hypo」的變異個體

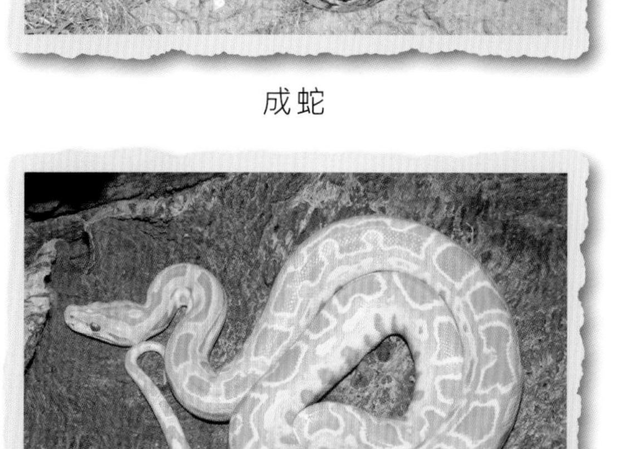

俗稱「黃金蟒」的白化個體

頭略呈三角形，且有一大型深色斑

體鱗光滑無稜脊

腹鱗

上唇有數個具有感熱功能的唇窩

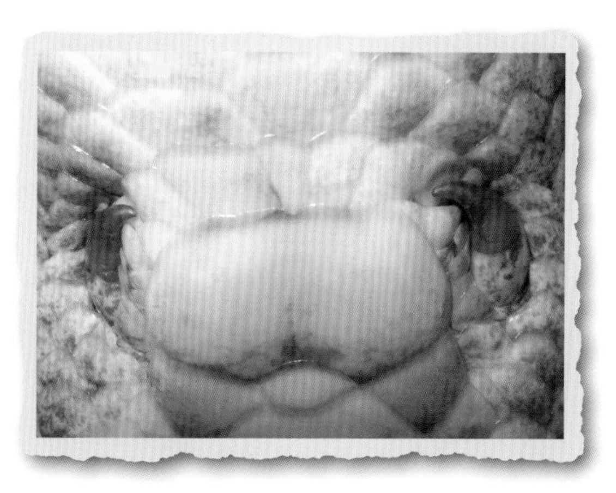

洩殖孔兩旁可見到後肢退化後的角質突起殘留

*台灣標蛇

黃頷蛇科Colubridae

* 學名：*Achalinus formosanus formosanus* Boulenger,1908
* 俗別名：台灣脊蛇
* 體型大小：最長可達90公分
* 食性：以蚯蚓等蠕蟲為食
* 稀有評估：少見
* 台灣特有亞種

人如果運氣好，做什麼事都非常順心！這種強運常常發生在小黑身上，有時候花了整晚在山上閒晃，可能沒看到幾條蛇，但常常在小黑要排洩的時候，隨手找找身邊的石頭、落葉等遮蔽物，往往都會被他看到躲在底下的蛇。第一次是在撇完後拎著一條台灣標蛇，笑嘻嘻的跟我們說他找到蛇了。從此之後，只要是尋找的結果不盡理想時，就會「好心」的問他老人家有沒有便意，希望會有個意外的驚喜(笑)！

全身體色一致

在光線的照射之下有明顯的金屬光澤

背中央有一條深色縱線

腹鱗

頭小，頭頸區分並不明顯

隨著成長，會轉變成黃色

身體前段鱗片具有稜脊

尾下鱗相鄰的第一列尾鱗不會明顯大於第二列尾鱗

「標蛇、台灣標蛇，傻傻分不清楚」每次遇到了其中一種，就是大夥傷眼力的時候，尤其是體型比較小的個體，再加上蛇本身又帶有金屬光澤，炫麗的反射增加了辨別的困難，所以常常會看到大夥瞪大眼睛，看到都快脫窗了，才有辦法確認牠的種類，那情景實在令人好氣又好笑！乍看之下，標蛇的外表非常樸素，但是在光線的照射下，卻有閃亮亮的金屬光澤，而透過照片可以更加明顯的感受到，這實在是令人讚嘆造物者的巧妙！

53

幼蛇，體色較深

隨著成長，顏色會漸漸偏黃

成蛇，體色多半偏黃

腹面

捕食蚯蚓

張嘴，但並非是攻擊行為

身體前段鱗片不具有稜脊

與尾下鱗相鄰的第一列尾鱗明顯大於第二列尾鱗

背上的二條橘黃色縱帶及身體兩側的紅色調，搭配的是那麼的合諧、美麗，第一次看到就讓我讚嘆不已，這大自然所調配出的絢麗色彩！為了要看牠一眼，夥伴們不知道花了多少時間，雖然知道北部山區有較穩定的族群，但是在魔咒的發威之下，仍然無法順利的突破，一次又一次的損龜之後，牠，美麗的傳說終於現身了，那種衝擊心頭的悸動，仍然深深的烙印在心深處！

幼蛇

體背有二條橘黃色縱帶

數量稀少，主要分布在中海拔山區

雌蛇與剛產下的卵

唇鱗為白色，邊緣有黑色花紋

眼睛後方各有一白色斑點

頭頂部有2個淺色斑點

體鱗具有明顯的稜脊，腹鱗兩側有黑色點狀斑紋

每年的秋天，是梭德氏赤蛙繁殖的季節，按照以往的慣例，都會與小黑以及其他蛙友相約在溪邊碰面。溪流裡頭，除了有大量的梭德氏赤蛙出現以外，還有不少前來享用大餐的天敵，赤尾鮐、拉氏清溪蟹到處都可見到，真是熱鬧非凡的盛會。無意間，左腳踢開了一塊石頭，腳步正要踏下去時，眼角餘光看到地面上好像有條東西，趕緊將大腳移開，原來是隻躲在石頭下的梭德氏遊蛇，好險，差點就成了腳下冤魂。

幼蛇

一般為灰褐色

體色為紅褐色的個體

捕食蚯蚓

唇鱗邊緣有黑色斑紋

頸部有一V字形黃白色花紋

體鱗具有稜脊

腹部為淡黃色或淡白色

*花浪蛇

黃頷蛇科Colubridae

* 學名：*Amphiesma stolatum* (Linnaeus, 1758)
* 俗別名：草尾仔蛇、黃帶水蛇、草游蛇、草腹鏈蛇、土地公蛇
* 體型大小：最長可達90公分
* 食性：蝌蚪、蛙類、魚類，也會捕食蟾蜍及昆蟲
* 稀有評估：農墾地水田區偶見

經過前一晚的東翻西找，大夥拖著疲憊的身軀，趕緊開車回家好好休息。幾個小時的短暫充電之後，小黑又回到生龍活虎的狀態，在家裡前面的檳榔園追著多線南蜥跑，強龍畢竟壓不過地頭蛇，只看見小黑一臉的囧樣。過沒多久，小黑手上卻多了一條東西，他說多線南蜥溜進草堆後，翻開一看就變成是花浪蛇了(有這麼神奇？)，這隻身上帶著的藍色調是先前所沒看過的，真是漂亮！

幼蛇

成蛇，身體前半段有如枕木般的花紋，後半段有淺色縱線

花紋不明顯的個體

體色偏藍色調的個體

捕食魚類

雌蛇與剛產下的卵

腹鱗具有黑斑

體鱗具有稜脊

某次在屏東山區享受山林的幽靜時，路面上有隻慘遭車子壓死的死蛇屍體吸引了我們的眼光，其實在山區道路會見到路死個體是稀鬆平常的事(無奈)，不過眼前這隻屍體似乎有些特別，「梭德氏遊蛇嗎？又好像不是，圖鑑上也沒有完全相同的種類耶，怎會這樣，是新種？」經過一段時間的查詢之後，才知道原來這是即將發表的種類—排灣腹鏈蛇！

體色以灰褐色為主

身體前半段有許多交錯的黃白色斑紋

僅分布於南部及東部山區

舌頭顏色相當漂亮

頸部有一「V」字型花紋

唇鱗白色，邊緣有黑色花紋

腹面黃色，兩側有黑色點狀斑紋

體鱗具有稜脊

「大頭大頭,下雨不愁,人家有傘,牠有大頭」這首歌用在大頭蛇身上,真是最好的寫照!不過,一般民眾聽到大頭蛇這名字時,臉上常會出現疑惑的表情,怎會有蛇叫做大頭蛇呢?但看過蛇本人之後,就可了解這大頭的由來!然而,有些民眾會將大頭蛇誤認為是龜殼花,而慘遭被打死的下場。大頭蛇大部分個體會有攻擊性,因此在觀察或拍照時要小心注意!

幼蛇，與成蛇差異不大

頸部細，因此頭部顯得較大

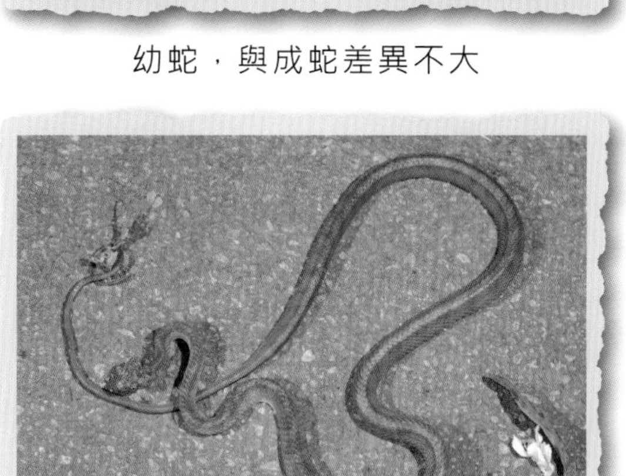

身體細長且呈現側扁

體色偏灰色的個體

大部分個體為黃褐色

捕食鳥類

受到驚擾會有攻擊的行為

頭部有大型鱗片

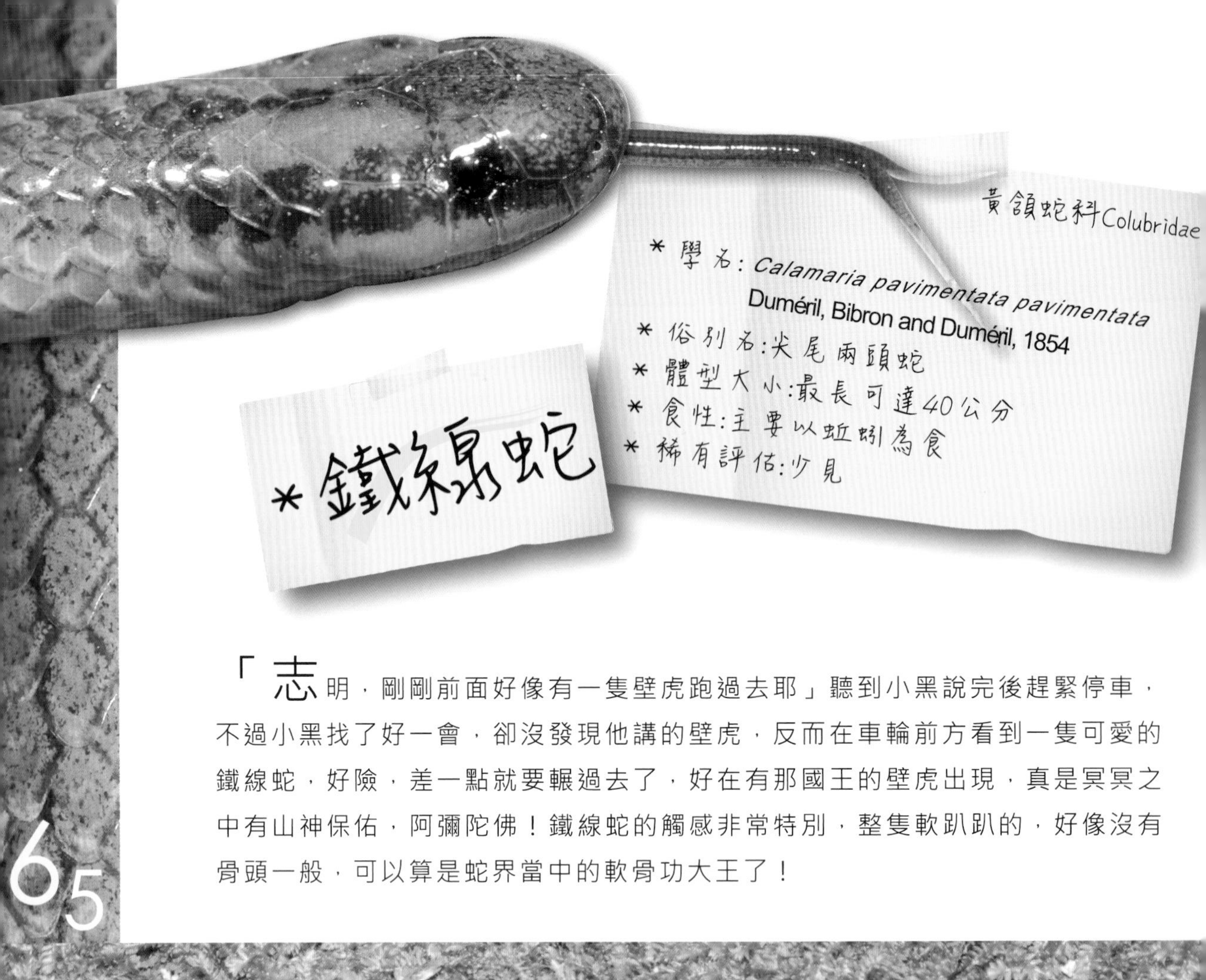

＊鐵線蛇

黃頷蛇科Colubridae

＊學名：*Calamaria pavimentata pavimentata* Duméril, Bibron and Duméril, 1854

＊俗別名：尖尾兩頭蛇

＊體型大小：最長可達40公分

＊食性：主要以蚯蚓為食

＊稀有評估：少見

「志明，剛剛前面好像有一隻壁虎跑過去耶」聽到小黑說完後趕緊停車，不過小黑找了好一會，卻沒發現他講的壁虎，反而在車輪前方看到一隻可愛的鐵線蛇，好險，差一點就要輾過去了，好在有那國王的壁虎出現，真是冥冥之中有山神保佑，阿彌陀佛！鐵線蛇的觸感非常特別，整隻軟趴趴的，好像沒有骨頭一般，可以算是蛇界當中的軟骨功大王了！

幼蛇

成蛇，體色以深褐色為主，背上有數條深色縱線

偶有體色為黃褐色的個體

頭部偏黑的個體，身上縱線不明顯

捕食蚯蚓

頭小，與頸部區分不明顯

體鱗光滑

腹部為黃色個體

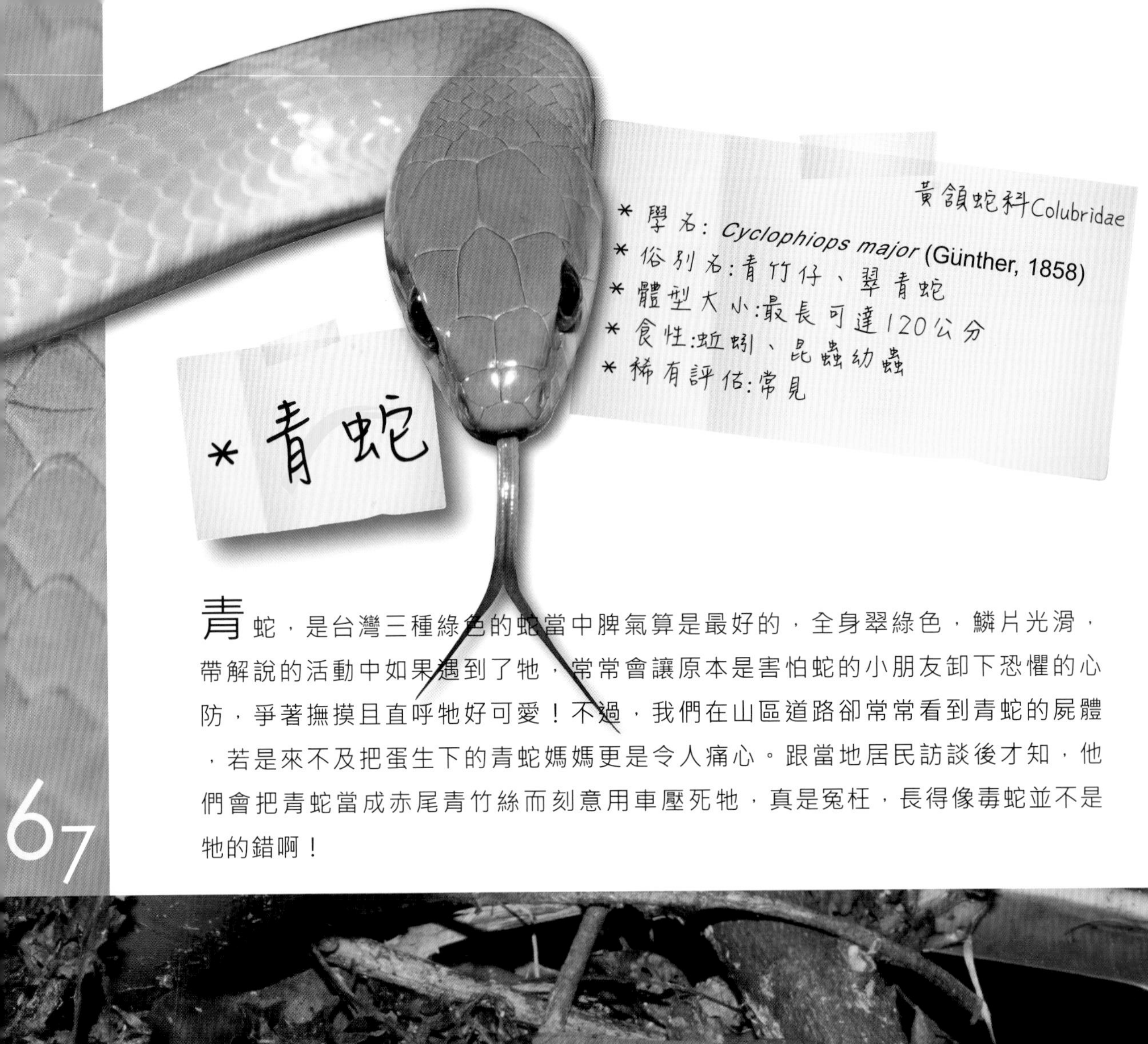

*青蛇

黃頷蛇科Colubridae

* 學名：*Cyclophiops major* (Günther, 1858)
* 俗別名：青竹仔、翠青蛇
* 體型大小：最長可達120公分
* 食性：蚯蚓、昆蟲幼蟲
* 稀有評估：常見

青蛇，是台灣三種綠色的蛇當中脾氣算是最好的，全身翠綠色，鱗片光滑，帶解說的活動中如果遇到了牠，常常會讓原本是害怕蛇的小朋友卸下恐懼的心防，爭著撫摸且直呼牠好可愛！不過，我們在山區道路卻常常看到青蛇的屍體，若是來不及把蛋生下的青蛇媽媽更是令人痛心。跟當地居民訪談後才知，他們會把青蛇當成赤尾青竹絲而刻意用車壓死牠，真是冤枉，長得像毒蛇並不是牠的錯啊！

幼蛇

成蛇，全身為均一的翠綠色

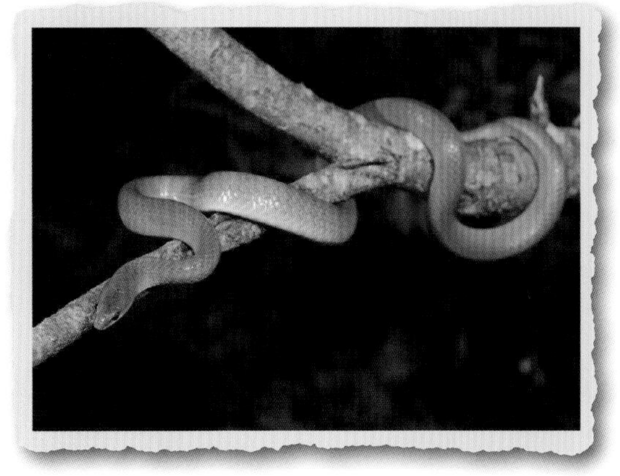

有不錯的攀爬能力

脫皮前的個體，顏色較為黯淡

正在吞食蚯蚓

偶有較兇的個體

體鱗光滑

瞳孔圓形，腹面為黃色

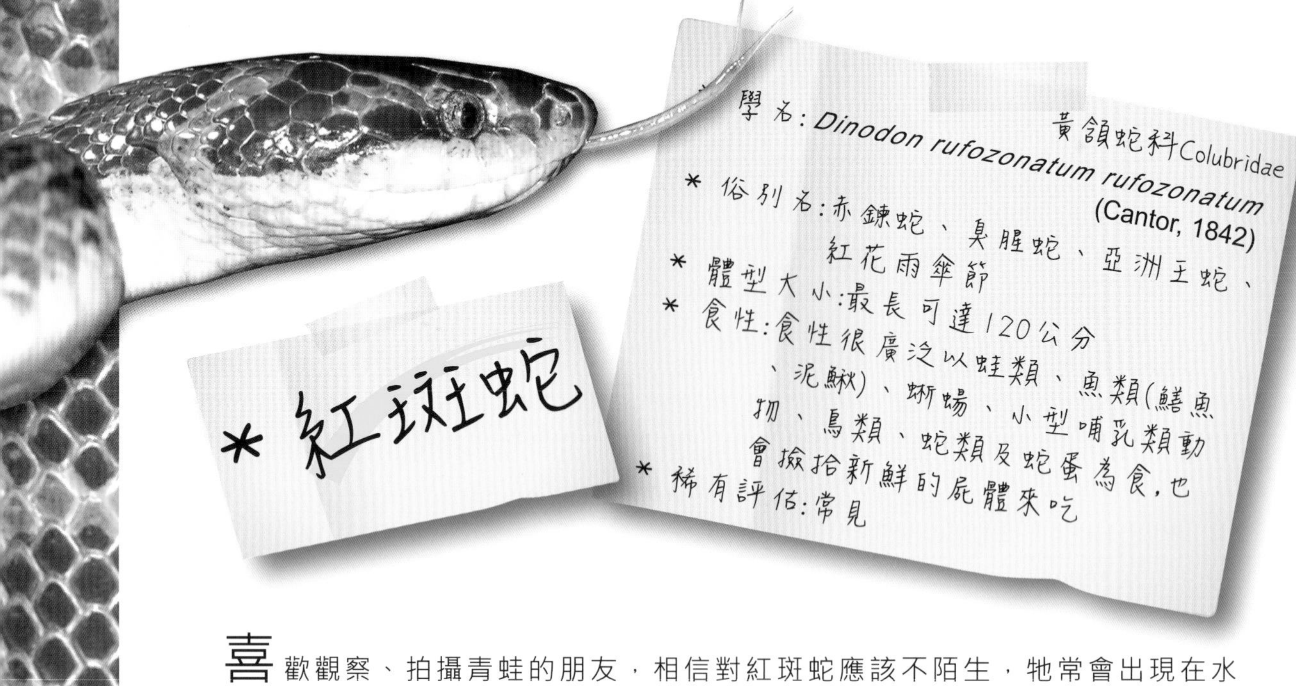

喜歡觀察、拍攝青蛙的朋友，相信對紅斑蛇應該不陌生，牠常會出現在水域環境附近尋找食物，特別是青蛙。有趣的是，因為紅斑蛇體色是紅黑相間，不少民眾認為顏色比雨傘節還鮮豔，所以毒性也更強、更兇猛，故有「紅花雨傘節」之稱，所以常常被當成超級毒蛇而被人們打死，可以說死的真是冤枉！紅斑蛇為無毒蛇，但脾氣兇了些，受到刺激後與臭青公一樣，會排放出令人難以忍受的味道，保證讓你在幾天內都能感受到牠的存在。

卵以及剛破卵的幼蛇

幼 蛇

成蛇，身體有許多紅、黑相間的花紋

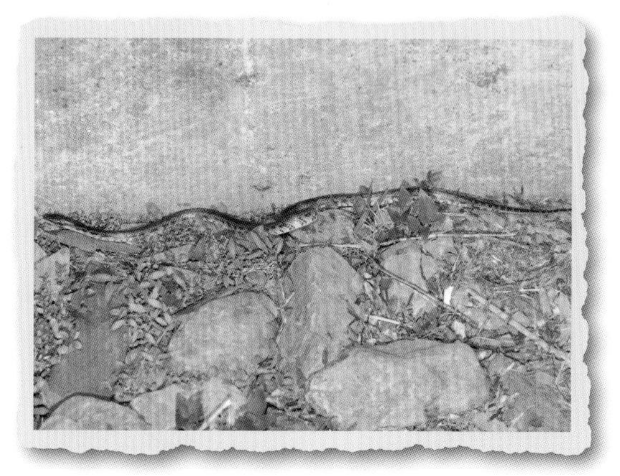

花紋變異的個體

白化個體

花紋較不明顯的個體

捕食小雨蛙

正在產卵的雌蛇

*臭青公

黃頷蛇科Colubridae

* 學名：*Elaphe carinata*（Günther, 1864）
* 俗別名：王錦蛇、臭青母
* 體型大小：最長可達240公分
* 食性：蛙類、小型哺乳類動物、鳥類、鳥蛋及蛇類為食
* 稀有評估：常見

小黑在老家前面追著多線南蜥滿場跑時，老爸也悄悄的加入了戰局，在小黑拎著花浪蛇回來沒多久，老爸指著放了幾片鐵皮的草叢說，「這裡應該會有蛇」小黑把鐵皮翻開後，果然就有一隻臭青公躲在那！但是臭青公的脾氣可不好惹，受到刺激後常會張嘴咬人，再加上會排放令人難以忍受的氣味，實在讓人退避三舍。不過因為成蛇的體型可超過2公尺，肉多肥美，因此常被捕捉到山產店中，成為桌上的一道菜餚...

幼蛇，與成蛇外觀差異頗大

成蛇，體色主要為褐色，身體有許多黑色與白色斑紋

體色偏黃的個體

體色偏黑褐色個體

唇鱗邊緣有黑色斑紋

捕食蛙類

捕食老鼠

吻端到眼睛前緣上方常有「王」字花紋

「這蛇很毒吧？」不管是在野外遇到遊客，還是在課堂上分享照片時，幾乎是會出現的一句話。在大家的觀念裡，顏色越鮮豔的東西代表毒性越強，所以高砂蛇便成了一般人心中的超級毒蛇。因為牠的體色非常豔麗，在野外常常會被熱心民眾當成毒蛇處死，有時看了真的很令人難過。高砂蛇不僅沒有毒性，個性上也算是溫馴，而數量上更是不常見到，那美麗如魔幻般的色彩絕對會讓你印象深刻！

73

幼蛇，顏色非常艷麗、漂亮

體背有許多菱形黑斑

體色偏灰色的個體

體色偏紅色的個體

即將要脫皮的個體，顏色變的較不鮮豔

頭部有3條黑色橫斑，第2條經過眼睛後分叉

身體的菱形黑斑中間及外緣皆有黃色斑紋

腹部有許多間隔交錯的黑色斑紋

*白梅花蛇

黃頷蛇科Colubridae

* 學名：*Lycodon ruhstrati ruhstrati* (Fischer, 1886)
* 俗別名：黑背白環蛇、梅花蛇
* 體型大小：最長可達110公分
* 食性：以蜥蜴、昆蟲為食
* 稀有評估：常見
* 台灣特有亞種

「老師，你怎麼敢抓雨傘節，被咬到很危險耶」「阿！老師你被咬了，你中毒了」帶野外的解說活動時，如果遇到了白梅花蛇，真是一個教學生如何分辨有毒、無毒蛇的最佳機會！當然啦，我可不是傻子，如果真的是雨傘節，我怎麼可能去抓牠(笑)！不過，根據筆者的野外經驗，很多人看到這假的雨傘節時，常常都會亂棒齊飛，先打再說，殊不知牠其實是無毒的白梅花蛇啊！

幼蛇黑白較為分明

隨著成長，白色的環紋會漸漸變成灰色

常被誤認是雨傘節

白梅花會爬樹，但雨傘節則在地面活動

正在蛻皮的個體

捕食石龍子

體鱗大小一致

受到驚擾後常會出現攻擊動作

*擬龜殼花

黃頷蛇科Colubridae

* 學名：*Macropisthodon rudis rudis* Boulenger,1906
* 俗別名：頸稜蛇、偽腹蛇
* 體型大小：最長可達120公分
* 食性：以蛙類為食，但偏好蟾蜍，文獻紀錄曾有捕食蛇類及蜥蜴紀錄
* 稀有評估：台灣北部常見，中部少見，南部極少見

在台灣40幾種的蛇類當中，我想最多分身的應該非擬龜殼花莫屬了！在野外，常常聽到民眾說牠是龜殼花，也有人說是百步蛇，或者被誤認為鎖蛇，如果有人說在山上看到鎖蛇出沒，八九不離十就是擬龜殼花了。擬龜是無毒蛇，不過被誤認的種類都是有毒的，再加上受到驚擾後會擴張身體變扁，讓身體花紋更明顯，頭部形狀更加的三角形，所以更讓一般民眾相信牠就是毒蛇了。擬龜脾氣算是溫馴的，只不過在受到刺激後會有自保的反應，可能會讓你不敢靠近，不過偶爾還是會有比較兇的個體。

幼蛇，頭上有一黑斑，長大後會消失

成蛇，體色以褐色或灰褐色為主

身體佈滿許多深色的圓斑，
身體前段的圓斑常相連成一塊

頰部的顏色較頭背部淺

幼蛇的舌頭上有明顯白斑

受到刺激後頭部會擴張成三角形，
有時頸部或身體也會擴張變扁

腹面為灰色，並有少許褐色斑

體鱗具有強稜脊

2016年的6月，在馬祖東引島服役的國軍弟兄，於休假期間在東引島上發現了一條小蛇，因為對這條蛇身分的好奇，在拍照野放後，將照片寄給相關科系的友人，最後照片傳到游崇瑋手上，才確認了這條蛇的種類，是台澎金馬的新紀錄種━中國小頭蛇！中國小頭蛇在外觀、習性上與赤腹松柏根、赤背松柏根相似，也是以爬蟲類動物的卵為主食，但仔細觀察便可以發現中國小頭蛇的不同之處！

體色為淺棕色

目前僅發現在馬祖東引島

頭部有過眼線

頸部有箭矢狀花紋

身體有許多深色橫紋

腹部有黑色斑紋

體鱗光滑

以爬蟲類動物的卵為食

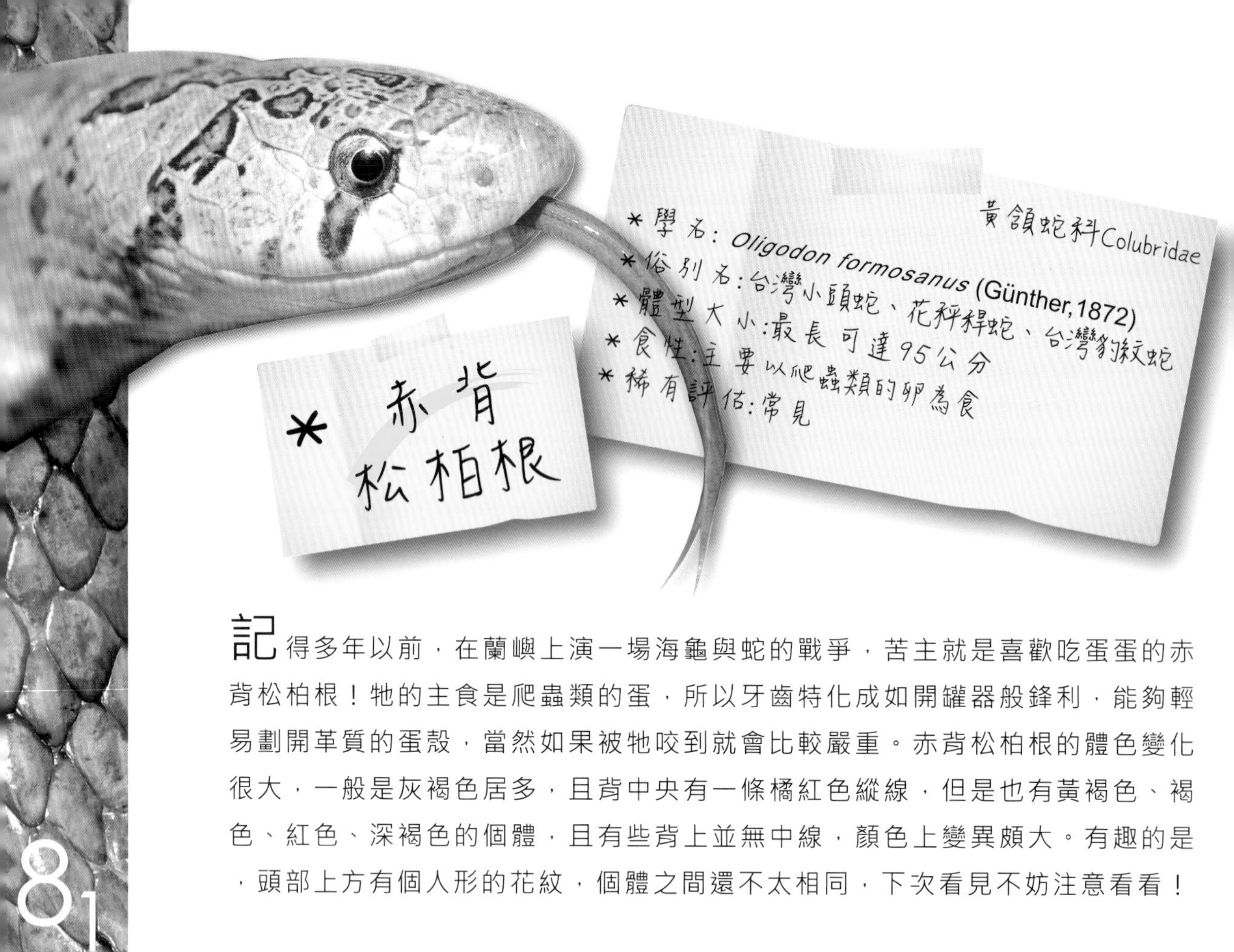

* 赤背松柏根

記得多年以前，在蘭嶼上演一場海龜與蛇的戰爭，苦主就是喜歡吃蛋蛋的赤背松柏根！牠的主食是爬蟲類的蛋，所以牙齒特化成如開罐器般鋒利，能夠輕易劃開革質的蛋殼，當然如果被牠咬到就會比較嚴重。赤背松柏根的體色變化很大，一般是灰褐色居多，且背中央有一條橘紅色縱線，但是也有黃褐色、褐色、紅色、深褐色的個體，且有些背上並無中線，顏色上變異頗大。有趣的是，頭部上方有個人形的花紋，個體之間還不太相同，下次看見不妨注意看看！

體色一般為灰褐色，背中央有一條橘紅色縱線

體色黃褐色個體，背中央縱線不明顯

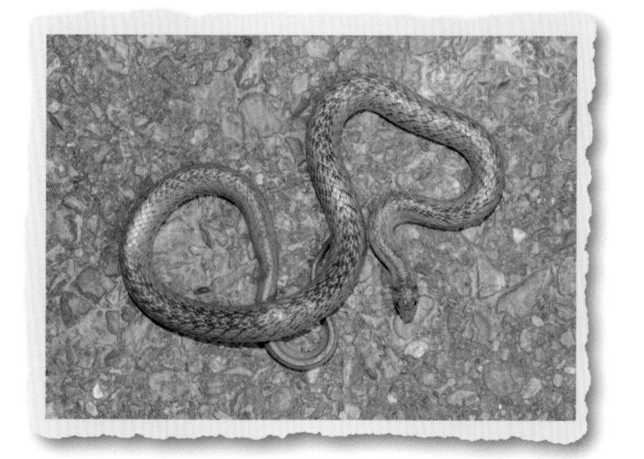

體色褐色個體，背中央縱線不明顯

體色偏紅的個體

體色與背中央縱線皆為橘紅色個體

離島體色偏深色的個體

幼蛇腹部帶有紅色調

頭頂上有人形的深色斑紋

* 赤腹松柏根

乍看之下，赤腹松柏根似乎是不怎麼起眼，至少第一次看見時是這麼認為。當時正專心在拍青蛙吹泡泡，而牠卻悄悄的從腳邊滑過，看了一眼後，就繼續拍青蛙了，完全不把牠當一回事。有鋼琴蛇之稱的牠，最大的秘寶是藏在肚子底下，美麗的橘紅色條紋，以及交錯的黑色斑紋，有如琴鍵上的黑鍵排列，真是美不勝收。然而，之後想再有那樣的好運氣，牠卻不再輕易現身了(囧)！

頭小，頸部不明顯

體色多為黃褐色

腹部中央有一條橘紅色縱斑

橘紅色縱斑兩側有許多交錯的黑色斑紋，如琴鍵一般

頭上有3個V字形花紋

前2個斑紋延伸至頭側，第1個穿過兩眼

體鱗光滑，且有一些深色斑紋

受到干擾後，尾巴常會捲曲並抬起

*紅竹蛇

黃頷蛇科Colubridae

* 學名: *Oreocryptophis porphyracea kawakamii* (Ôshima,1911)
* 俗別名:紫灰山錦蛇
* 體型大小:最長可達110公分
* 食性:以鼠類等小型哺乳類動物為食
* 稀有評估:偶見

在拍完紅心芭樂後，便帶著滿足且愉快的心情下山了，雖然說已經是凌晨2點多，不過這時間對我們來說卻是像家常便飯一樣輕鬆。沒多久，在下山的路上看到了一條小蛇，是紅竹幼蛇耶！當時心裡在想，紅竹蛇在印象中不是滿漂亮的，怎會是這種顏色，而且還凶巴巴的！後來才知，原來幼蛇跟成蛇差異頗大，成蛇像叉燒肉那樣的紅，拍起來實在是非常漂亮。不過大部分的個體都很活潑，要好好的拍個照，似乎不是一件容易的事！

幼蛇，與成蛇差異頗大

幼 蛇 身 上 有 明 顯 的 黑 色 斑 紋

隨著成長，黑色斑紋會漸漸變淡

成蛇，黑色花紋不明顯

體色為橘紅色或暗紅色

雌蛇與剛產下的卵

受到干擾後，尾部會捲成螺旋狀

有兩條過眼線，且一直延伸至尾部

*黑眉錦蛇

黃頷蛇科Colubridae

* 學名：*Orthriophis taeniura friesi* (Werner,1926)
* 俗別名：錦蛇、家蛇
* 體型大小：最長可達270公分
* 食性：蛙類、小型哺乳類動物、鳥類、鳥蛋
* 稀有評估：偶見
* 台灣特有亞種、保育類

「哇，好炫的舌頭，兩側是藍色的耶！」從拿起相機記錄開始，便慢慢學習用不同的角度、方式來看眼前的事物，特別是蛇類，有時眼睛看到的色彩可能是很樸素的，但是透過鏡頭、燈光，常常可以發現蛇的身上會散發出另一種美，像是鱗片反射出的豔麗光線，或是稍縱即逝的動作，藉由相機都可迅速凍結那美麗的瞬間。黑眉錦蛇，算是較為常見的種類，但無意間發現牠的舌頭是那麼的漂亮，黑色的舌頭兩側帶有藍色調，給人有種高貴的氣息，可謂是平凡中的不平凡！

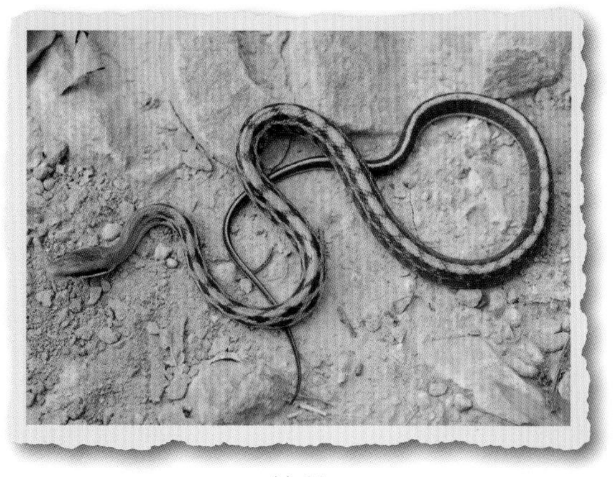

幼蛇

成蛇，體色以土黃色為主

身體前半段與後半段花紋不同

捕食老鼠

受到驚擾後，攻擊的行為明顯

頭兩側具有黑色過眼縱帶

體鱗光滑，身體有許多黑斑

雌蛇與剛產下的卵

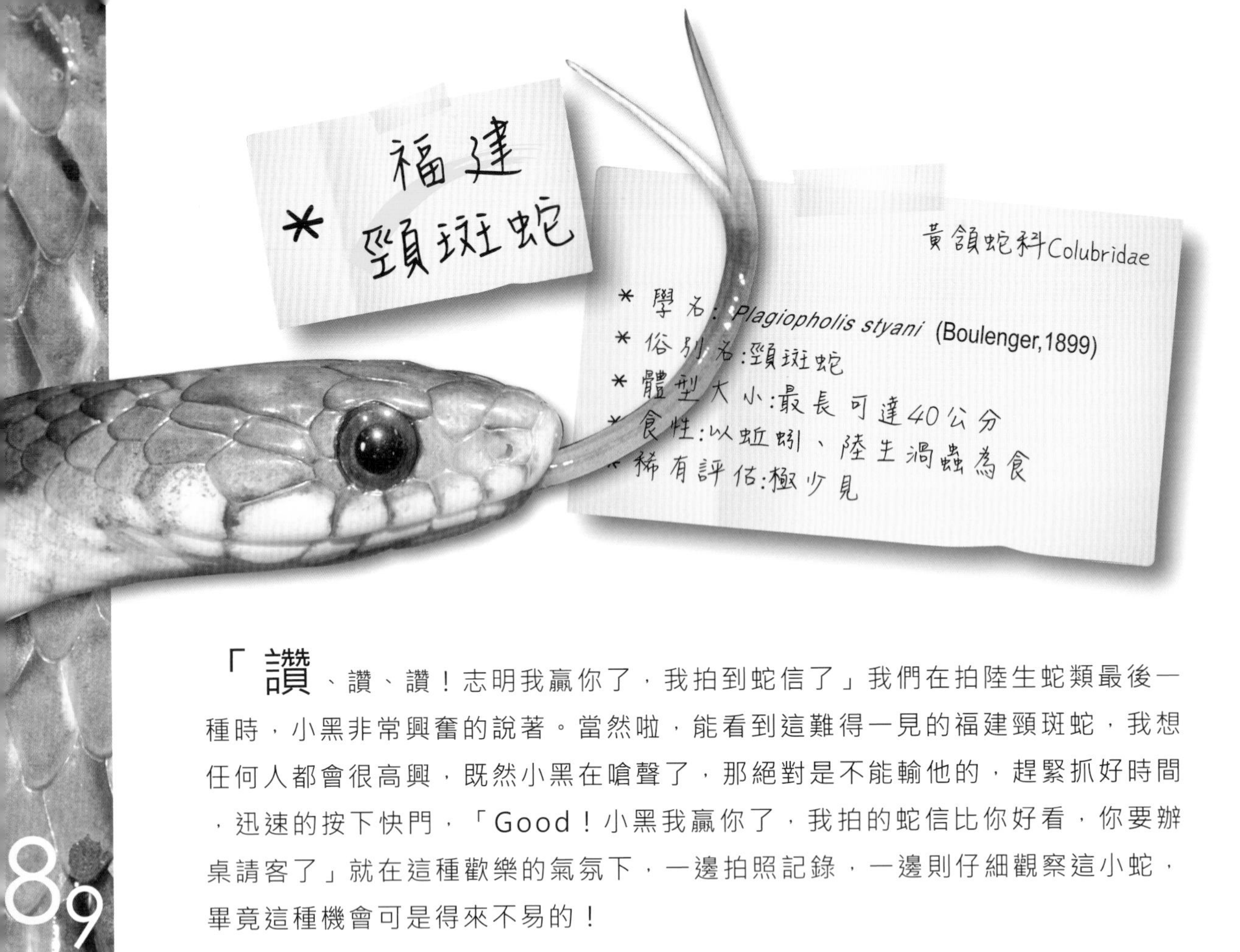

「讚、讚、讚！志明我贏你了，我拍到蛇信了」我們在拍陸生蛇類最後一種時，小黑非常興奮的說著。當然啦，能看到這難得一見的福建頸斑蛇，我想任何人都會很高興，既然小黑在嗆聲了，那絕對是不能輸他的，趕緊抓好時間，迅速的按下快門，「Good！小黑我贏你了，我拍的蛇信比你好看，你要辦桌請客了」就在這種歡樂的氣氛下，一邊拍照記錄，一邊則仔細觀察這小蛇，畢竟這種機會可是得來不易的！

成蛇，體色多為灰褐色

主要棲息在森林底層

數量極為稀少

腹面白色，帶有些微黃色調

部分個體受到驚擾後，頸部會有擴張變扁的行為

唇鱗具有黑緣，頸後有一深色橫斑

吻端有一深色斑點

體鱗光滑，身上有許多細小斑紋

在所見過的蛇類當中，眼神殺氣最重的非茶斑蛇莫屬！第一次見到牠時，總覺得牠的眼神很像猛禽一般的凶狠、銳利，像是在告訴你「我脾氣不好，少來惹我」實際上也是這樣，看到的個體多數都會有攻擊行為，再加上牠有毒性(微毒)，所以被咬到肯定是會不舒服的。體色變化多端，大部分是黃褐色，但也有褐色、灰褐色、深褐色、紅色的個體，主要的辨識特徵為頭上的Y形花紋，以及殺氣騰騰的凶猛眼神。

體色以黃褐色為主

體色為褐色的個體

體色為灰褐色個體

體色為深褐色的個體

體色為偏紅色個體

腹部有數條縱線

捕食石龍子

頭背部有「Y」字形花紋

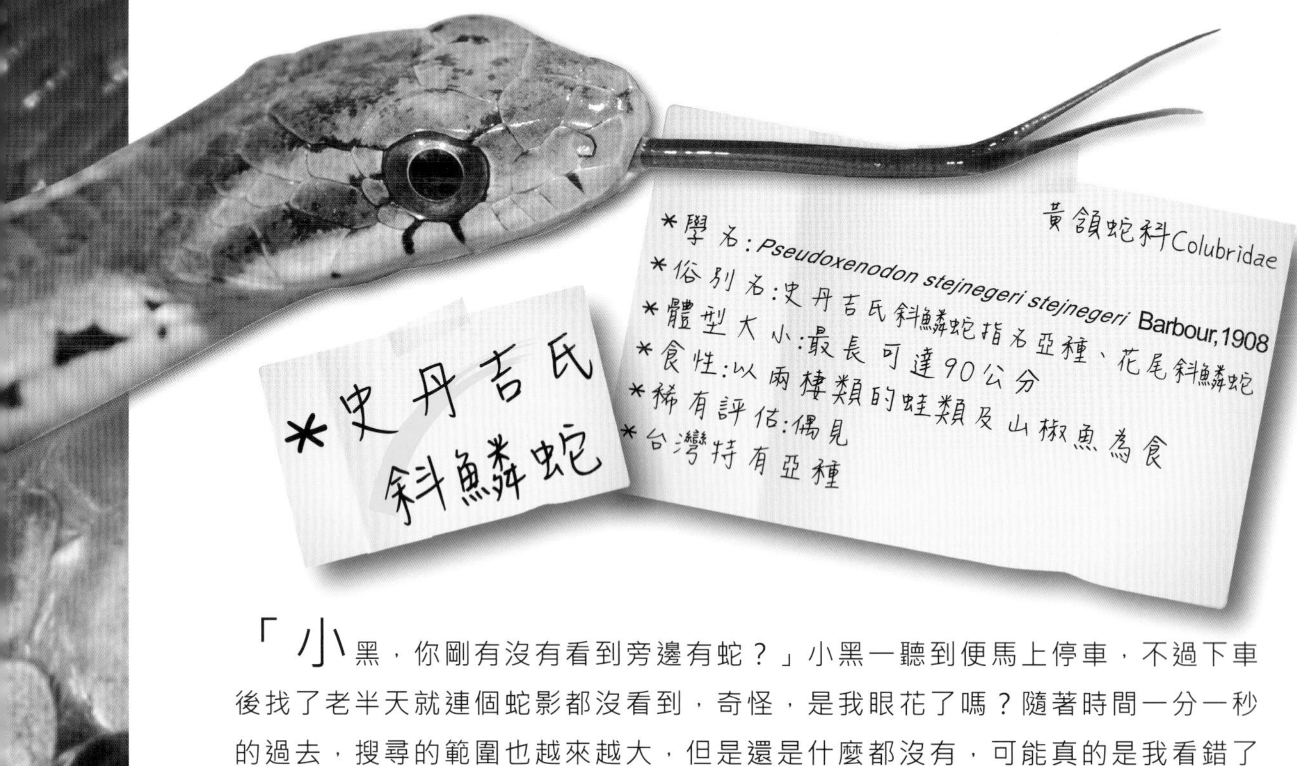

「小黑，你剛有沒有看到旁邊有蛇？」小黑一聽到便馬上停車，不過下車後找了老半天就連個蛇影都沒看到，奇怪，是我眼花了嗎？隨著時間一分一秒的過去，搜尋的範圍也越來越大，但是還是什麼都沒有，可能真的是我看錯了。正和小黑要回車上前，卻發現牠就靜靜的躲在剛剛的落葉下，真的是「莊孝維」有趣的是，史丹吉氏斜鱗蛇在受到驚擾後，會有眼鏡蛇般的威嚇行為，而個體之間的顏色差異很大，下次看到牠不知道會是哪種色系的呢，令人期待！

體色變異相當大，此為帶有綠色調的個體

體色為黃褐色的個體

體色為灰褐色的個體

體色為橘紅色的個體

腹面白色

唇鱗後緣具有黑斑

受到驚擾後，頸部會擴張變扁，
並將身體抬起，如眼鏡蛇般的威嚇動作

體鱗光滑

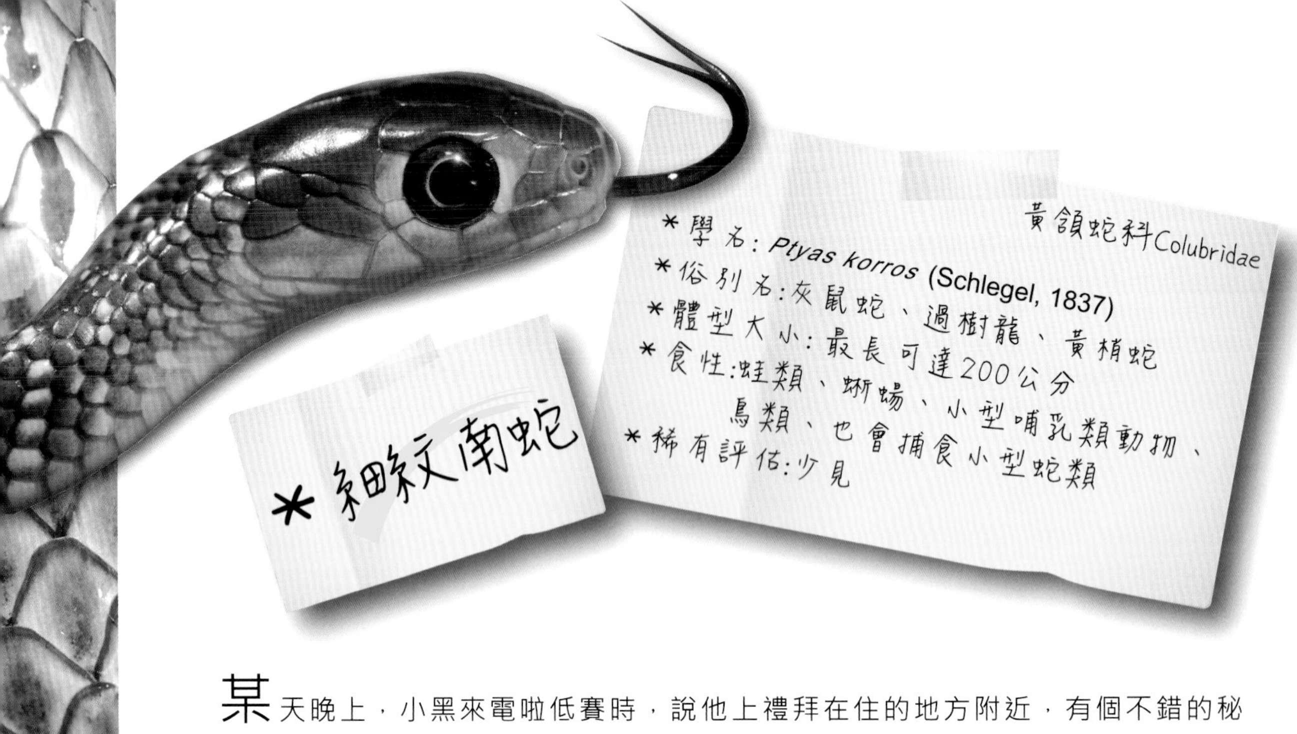

某天晚上，小黑來電啦低賽時，說他上禮拜在住的地方附近，有個不錯的秘密基地，問我要不要一起去看看，雖然說小黑的話10句裡面有11句是不能相信的，但還是耐不住好奇的心，就約了隔天的時間過去探探。因為低海拔的關係，小黑蚊與蚊子爆多，一邊要趕蚊子，一邊要找蛇，真是讓人心浮氣躁。就在碎碎念的時候，眼前溜過一隻大蛇，好在小黑反應快，才不致於讓這隻少見的細紋「難」蛇從眼前溜走，看在有牠的份上，今天捐出去的血也值得了。

幼蛇，與成蛇差異頗大

身體有許多黃白色細橫斑

成蛇，身體有數條不明顯的深色縱斑

捕食麗紋石龍子

剛破卵的幼蛇

唇鱗無黑色斑紋

幼蛇身上有淺色橫斑

體鱗光滑

*南蛇

黃頷蛇科Colubridae
* 學名：*Ptyas mucosus* (Linnaeus,1758)
* 俗別名：水南蛇、華鼠蛇、華錦蛇
* 體型大小：最長可達280公分以上
* 食性：蛙類、蜥蜴、小型哺乳類動物、鳥類為食
* 稀有評估：偶見

要在野外看見大型的南蛇，其實也不容易，雖然在數量上並不少，但南蛇行動非常迅速，還沒接近牠時，牠往往已經開始溜了，大部分只是驚鴻一瞥而已，真是「神龍見尾不見首」，南蛇是台灣的蛇類中體型最大的，身材壯碩、肉多，常常也是山產店收購的對象。不過，南蛇在受到驚擾後，反擊的行為非常明顯，頸部也會變成上下扁平，如刀一般，並且會發出「嘶、嘶」聲響，若不注意則容易被咬傷，因此在拍攝時要特別小心。

幼蛇，體色多為橄欖色

幼蛇腹部白色

成蛇，全身有黑色或白色細斑紋

白化個體

受到刺激後頸部會脹大，並發出嘶嘶聲

唇鱗後緣有黑色斑紋

捕食攀蜥

近身體背部中央3至5列鱗片具有稜脊，其他鱗片則無

* 斯文豪氏遊蛇

黃頷蛇科Colubridae

* 學名：*Rhabdophis swinhonis* (Günther,1868)
* 俗別名：台灣遊蛇、台灣頸槽蛇
* 體型大小：最長可達70公分
* 食性：主要以蚯蚓為食
* 稀有評估：少見
* 台灣特有種　保育類

「有蛇！」小黑才剛說完這二個字，馬上往前跳入身旁的池子裡。我們本來是在池子邊拍青蛙的，不過一聽到小黑喊叫後，頭一抬起來就看到小黑的下半身已經沒入池水中，而且手上還拎著一條小蛇，果然特戰出身的小黑依然身手不減，真的是叔叔有練過，小朋友不要學喔！小蛇被小黑帶上岸後，在手電筒的燈光照射之下，頭部後方以及兩側的黑色花紋，不難認出牠就是斯文豪氏遊蛇，雖然牠只是悄悄的從水池路過，但在小黑面前，任何蛙鳴蛇動可是逃不過他的利眼！

體色多為褐色

身體有許多黑色與白色細斑

性情溫馴，有些個體受到刺激頸部會擴張變扁

捕食蚯蚓

頸部有一V字形黑斑

眼睛下方及後方各有一黑色斑紋

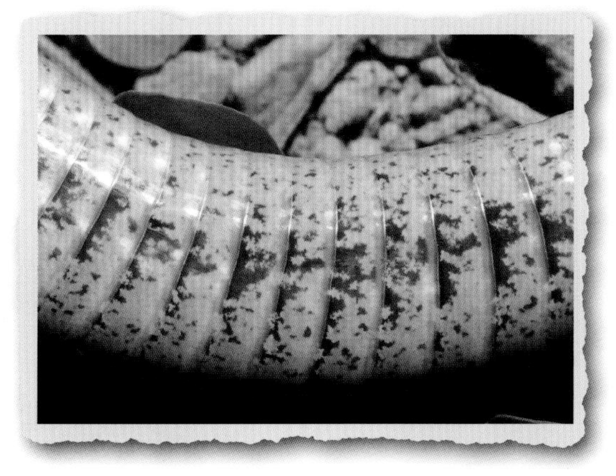

腹部為白色，並有許多黑色斑紋

體鱗具有稜脊

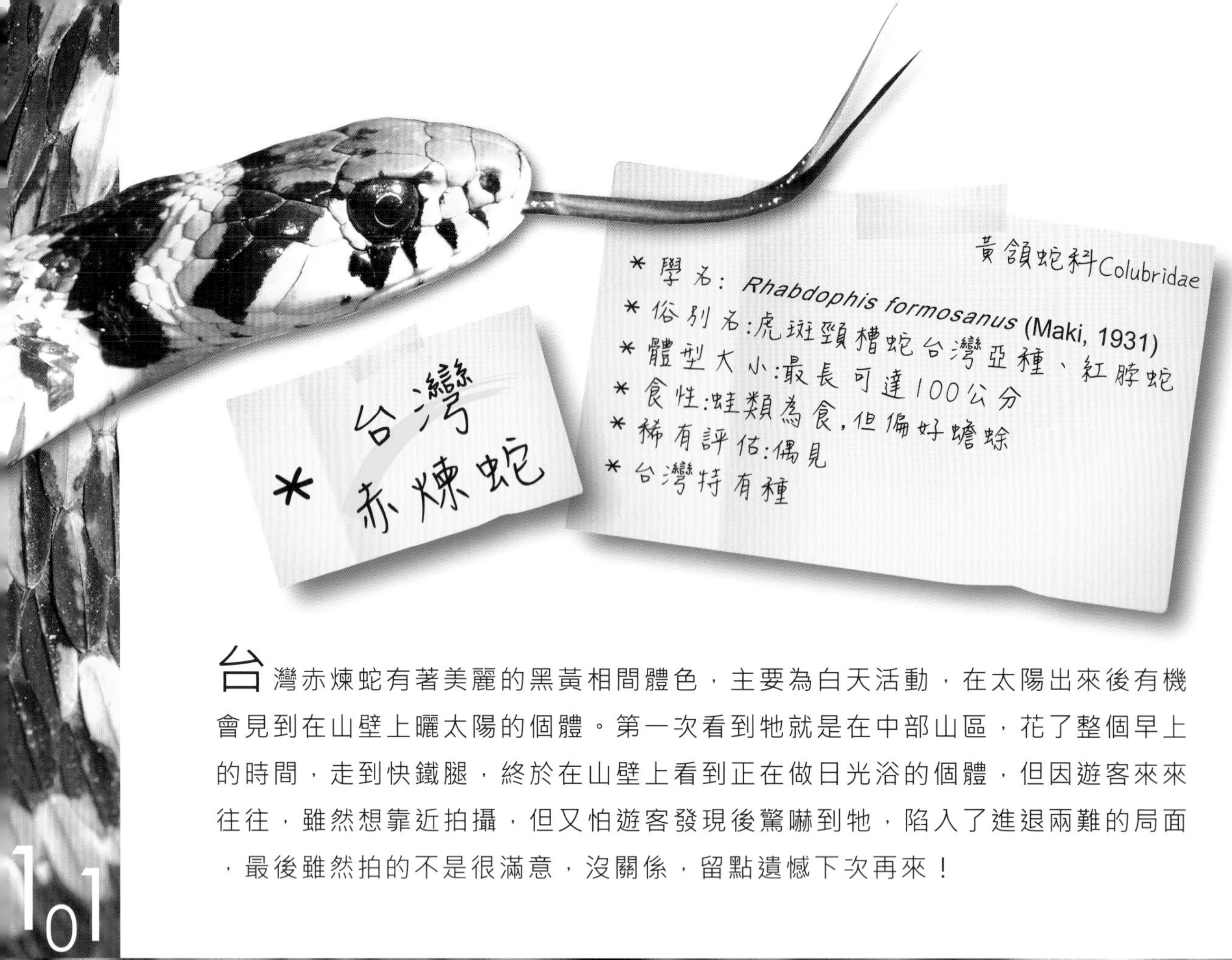

＊台灣赤煉蛇

黃頷蛇科Colubridae

＊學名：*Rhabdophis formosanus* (Maki, 1931)
＊俗別名：虎斑頸槽蛇台灣亞種、紅脖蛇
＊體型大小：最長可達100公分
＊食性：蛙類為食，但偏好蟾蜍
＊稀有評估：偶見
＊台灣持有種

台灣赤煉蛇有著美麗的黑黃相間體色，主要為白天活動，在太陽出來後有機會見到在山壁上曬太陽的個體。第一次看到牠就是在中部山區，花了整個早上的時間，走到快鐵腿，終於在山壁上看到正在做日光浴的個體，但因遊客來來往往，雖然想靠近拍攝，但又怕遊客發現後驚嚇到牠，陷入了進退兩難的局面，最後雖然拍的不是很滿意，沒關係，留點遺憾下次再來！

幼蛇，體色較成蛇鮮豔

主要棲息在中高海拔山區

性情溫馴，偶有張嘴咬人的動作

受到刺激後頸部會擴張，並抬起前半段身體

腹鱗為黑色

頭部後方有黑黃相間的花紋

頸背部有腺體可分泌白色有毒分泌物

體鱗有明顯的稜脊

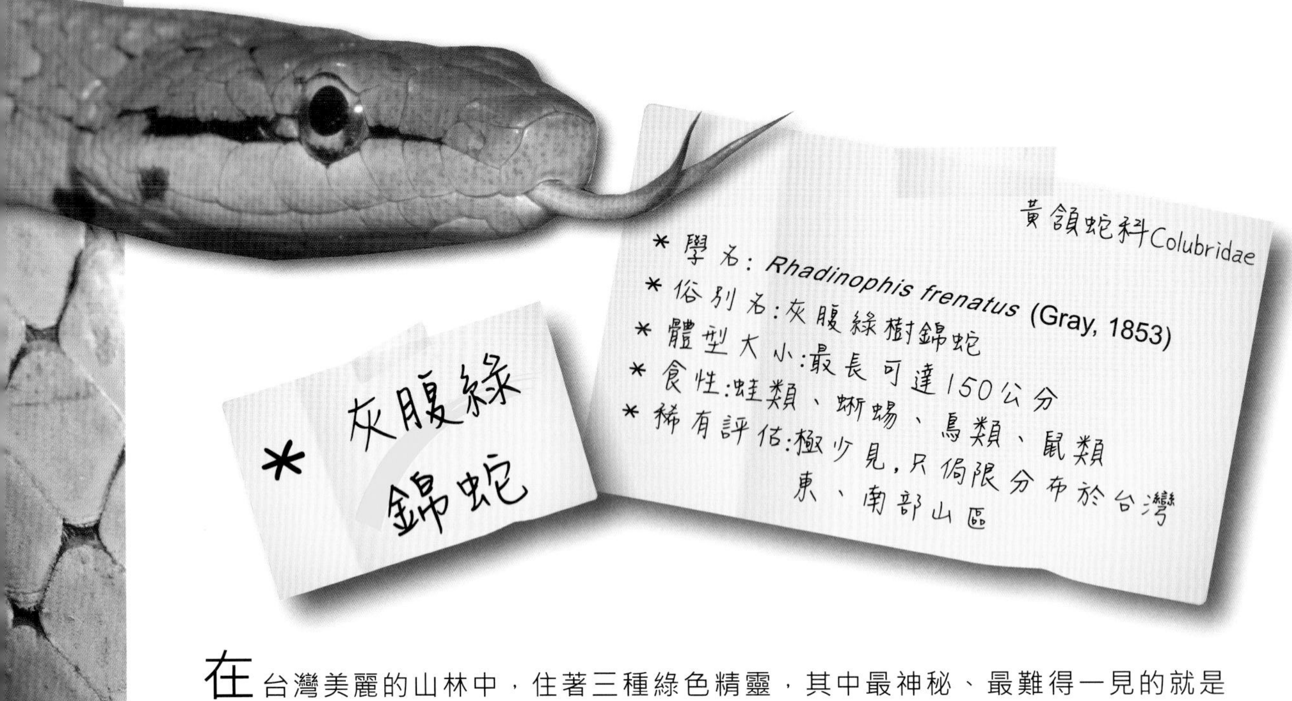

在台灣美麗的山林中，住著三種綠色精靈，其中最神秘、最難得一見的就是牠了，灰腹綠錦蛇！在野外觀察的過程中，不知道經過了多少時間、人力的尋找，才有那麼幾次接觸機會，只能說要看到牠，除了多往山上跑以外，運氣也很重要，另外，還要祈求山神的保佑(笑)！不過，在拍照或觀察的時候，可要小心牠的脾氣，初次見面時常常會有攻擊的動作，為了避免在身上留下任何印記，還是要稍微保持個距離較為妥當！

幼蛇體色主要為灰色

腹面為灰白色

隨著成長，體色會漸漸變成綠色

主要棲息在東、南部中低海拔山區

受到驚擾會有攻擊行為

成蛇為翠綠色

鱗片具有弱稜脊

黑色的過眼線為主要的辨識特徵

「某C鏡頭的最佳代言蛇-黑頭蛇」初次見到牠時，才發現牠其實不是那麼的名符其實，雖然牠叫黑頭蛇，但是牠的頭其實不很黑，真正黑的地方是在頸部，只是乍看之下是黑色的。為什麼會說牠是某C鏡頭的代言蛇呢？因為牠的眼睛瞳孔外圍有一紅色形成的圓圈，與L鏡頭上的紅色「橡皮圈」相似，所以說牠是某C鏡頭的代言蛇一點也不為過！另外，牠摸起來的觸感頗像是絨毛玩具般的柔順，非常的特別，再加上性情溫馴，可說是非常討喜的一種蛇類！

幼蛇

成蛇

體色為黃褐色

頭部褐色，並有黑色斑紋，頸部有一黑色橫斑

吻端鱗片具有白斑

上唇有一不連續的白色縱斑

體鱗光滑

腹鱗兩側有黑色點狀斑紋

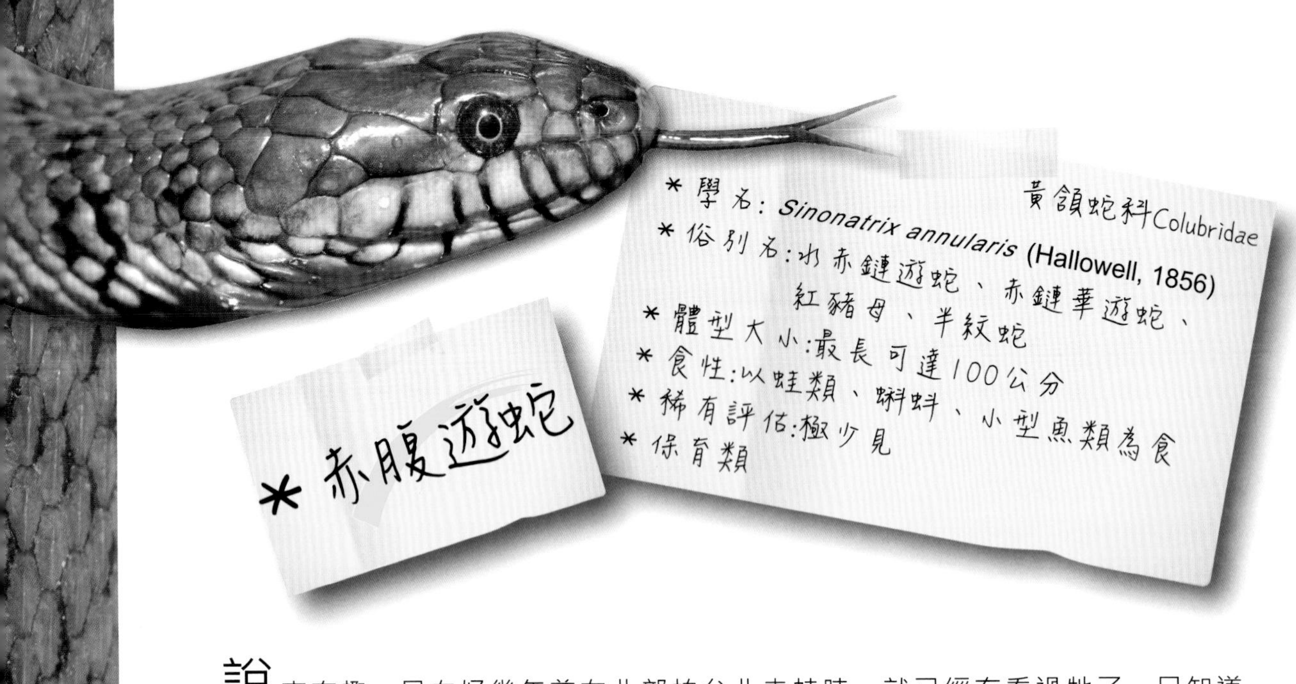

說來有趣，早在好幾年前在北部拍台北赤蛙時，就已經有看過牠了，只知道牠是當地人口中的「紅豬母」，殊不知後來想再看看牠時，才知道牠的數量因棲地的破壞、污染而日漸稀少，所以現在要找到牠並不是件容易的事！花了好一番的功夫，總算才看到有著「陽婆婆花紋」，脾氣凶巴巴，肚子是紅通通的赤腹遊蛇。雖然外觀並不是特別美麗，但是與赤腹松柏根一樣，真正吸引人的地方是在牠的肚皮上！

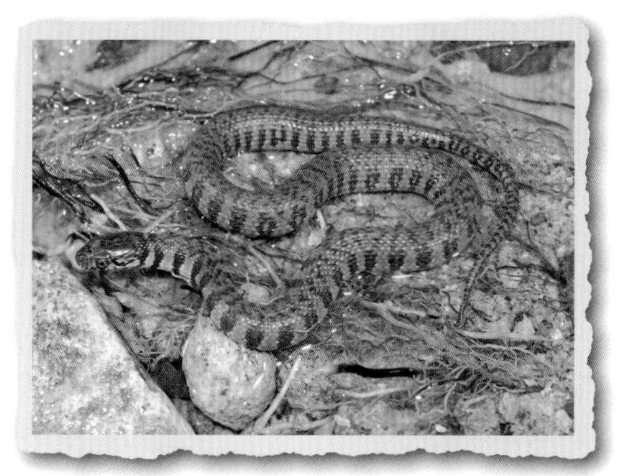

幼蛇，身體兩側有明顯的橘紅色調

身體以灰褐色為主，並有許多黑色斑紋

體型為圓胖型

捕食魚類

唇鱗後緣有黑色斑紋

體側的黑斑越往背部越不明顯，因此有「半紋蛇」之稱。

體鱗有明顯的稜脊

腹部橘紅色，並有許多黑色斑紋

「死亡翻滾」這個用詞或許有人聽過，通常是指鱷魚的一種進食動作，為了要撕裂體型較大的獵物，而藉由翻滾的動作，將獵物的肉撕扯下來，因此稱作死亡翻滾。其實這種動作在蛇類身上也有機會看到，還記得第一次遇到白腹游蛇時，就被這種激烈的翻滾動作驚嚇到。我想，會出現翻滾動作，應該是為了要脫逃捕捉，若是剛好抓到蛇的尾巴，有些個體則會開始全身翻滾，甚至可以扭斷尾巴，而逃之夭夭。不過，大部分的個體受到驚擾後會有攻擊的行為，要小心應付！

主要棲息在乾淨的溪流、湖泊等水域環境

游泳能力強，多半為夜間活動

體色主要為灰色

腹面有黑白相間的色斑

唇鱗不具有黑斑

受到驚擾會有攻擊的行為

身體具有橫斑，幼蛇較成蛇明顯

鱗片具有明顯的稜脊

「咦！前面好像有蛇？」趕緊把手煞車拉起來，車子停住後快步向前察看，原來是越來越不容易見到的草花蛇在過馬路！不過因為受到我的驚嚇，這隻草花蛇出現頸部、身體擴張的行為，真棒的畫面，可惜身邊並沒帶著相機，不能記錄到當下這有趣的行為，實在是好可惜！此時附近的鄉民跑了過來，一問之下原來是被我的緊急煞車聲嚇到，以為有車禍發生要準備衝出來救人了，真是一群熱心的鄉民啊！

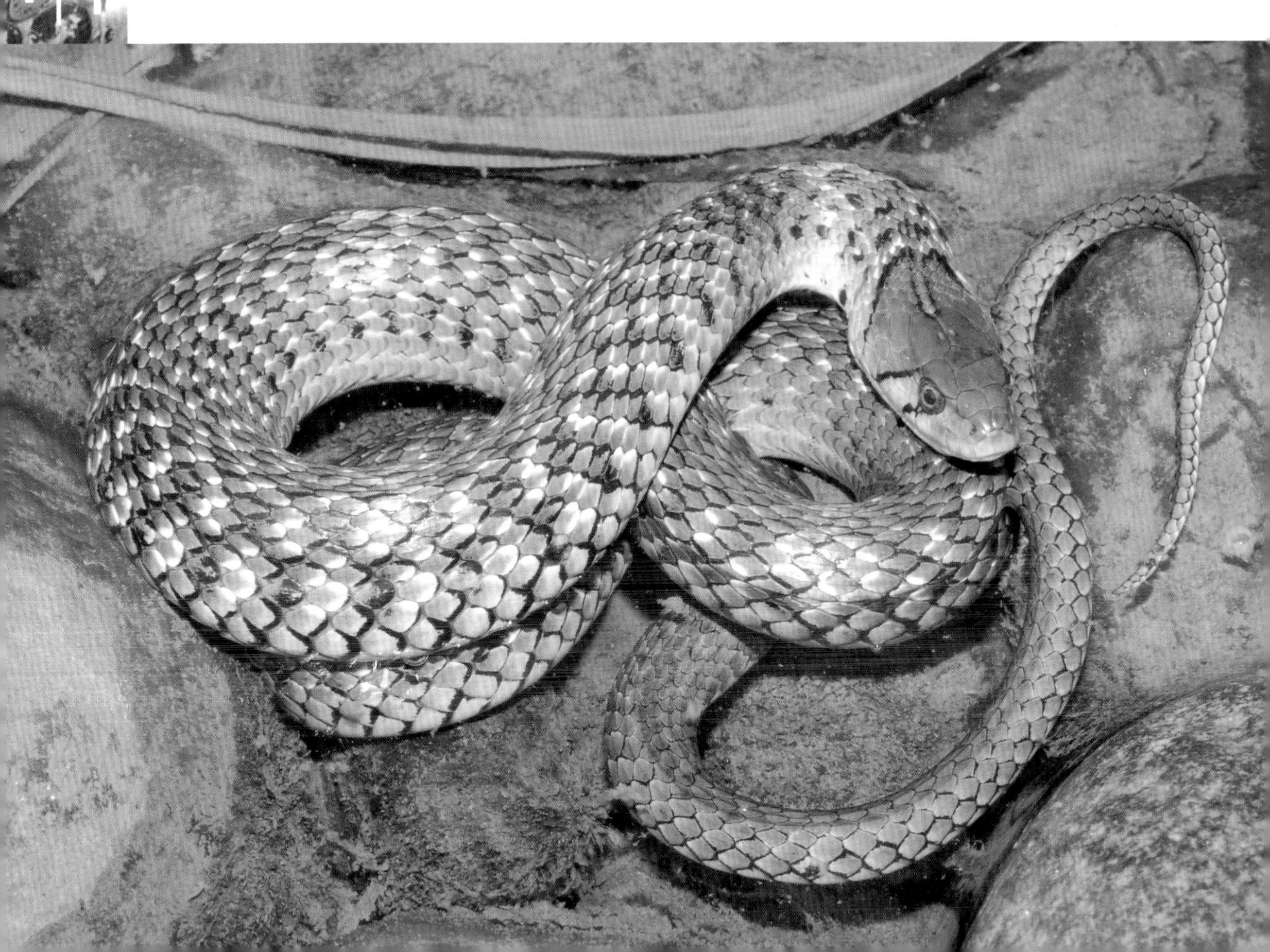

幼蛇

成蛇

黃化個體

身體偏紅色的個體

無花紋的個體

肚子白色，腹鱗邊緣有黑色斑紋

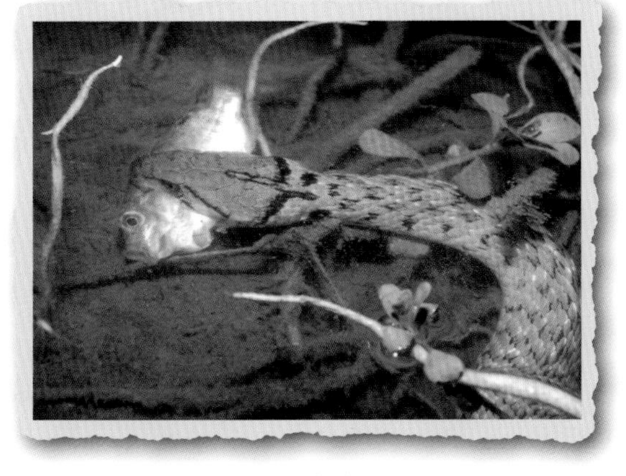

捕食魚類

眼睛下方及後方有二條黑色斜紋，頸部有W型花紋。

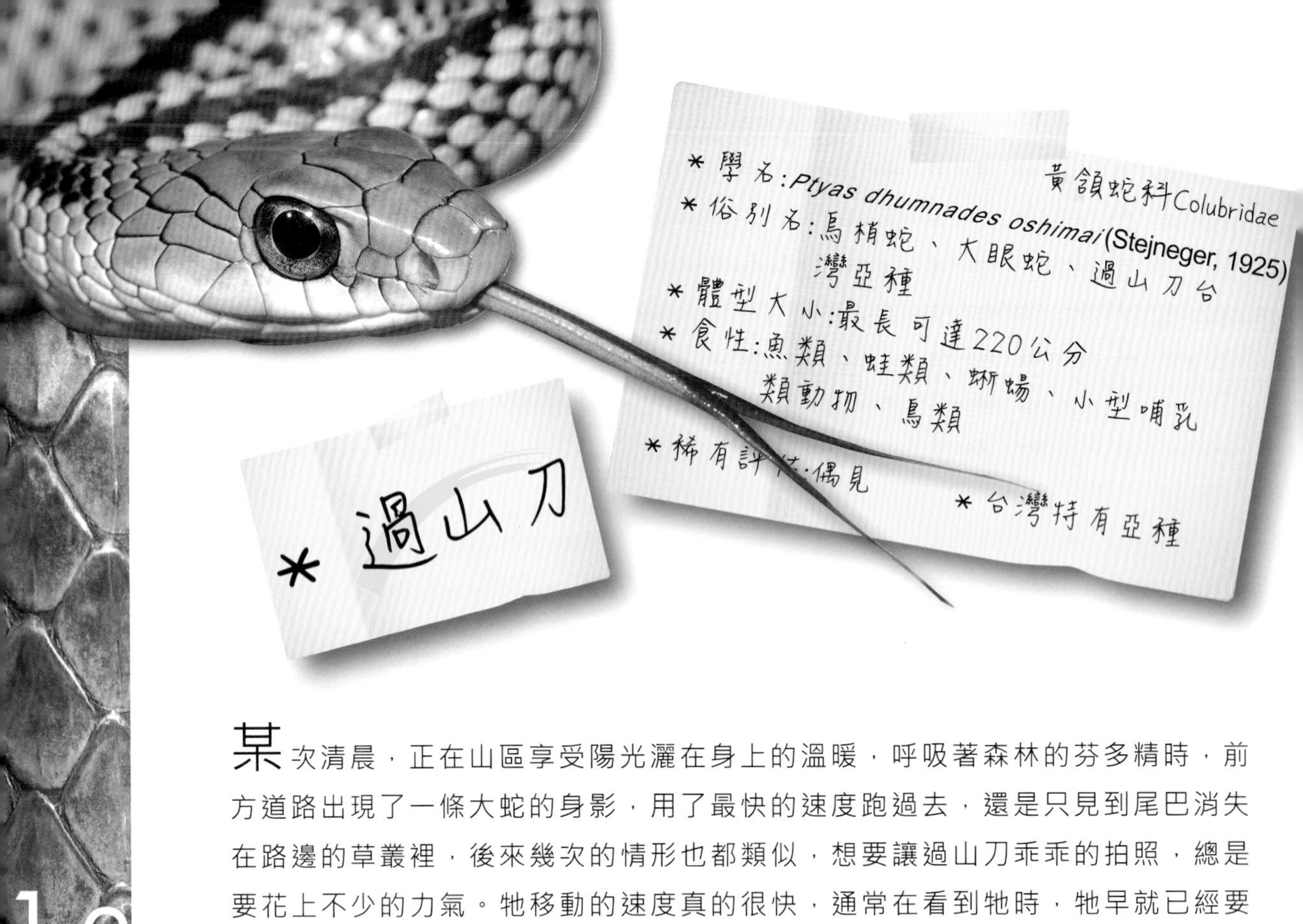

某次清晨，正在山區享受陽光灑在身上的溫暖，呼吸著森林的芬多精時，前方道路出現了一條大蛇的身影，用了最快的速度跑過去，還是只見到尾巴消失在路邊的草叢裡，後來幾次的情形也都類似，想要讓過山刀乖乖的拍照，總是要花上不少的力氣。牠移動的速度真的很快，通常在看到牠時，牠早就已經要開溜了，人雖然怕蛇，但我想蛇是更怕人的！

剛破殼的幼蛇

幼蛇身體上的黃綠色縱斑相當明顯

隨著成長，黃綠色縱斑逐漸消失

疑似打鬥中的過山刀

躲在洞裡的雌蛇與卵

捕食斯文豪氏攀蜥

眼睛大，舌頭粉紅色

靠近背脊的體鱗具有稜脊

為了要一睹日漸稀少的唐水蛇，我與小黑專程驅車前往台北一趟，趕在冬天來臨前，希望能夠順利記錄到牠的身影。經過一番的「巡田水」之後，在水田裡看到了正在搜尋晚餐的牠，近看牠頭部有種給人「皓呆」的感覺，十分好笑！不過牠的脾氣不是很好，受到驚擾常會有咬人的攻擊行為。但是近年來的觀察發現，由於棲地受到破壞、農藥污染等因素，數量有逐年減少的趨勢，若不好好的保護，以後要見到可就更難了！

剛出生的幼蛇

身上有許多黑色斑紋

頭背部至頸後有一黑色縱斑

受到驚擾後身體會變扁

眼睛與鼻孔皆位於上方位置

體鱗光滑

腹鱗有黑色花紋

體鱗與腹鱗交界處常呈黃色或橘紅色

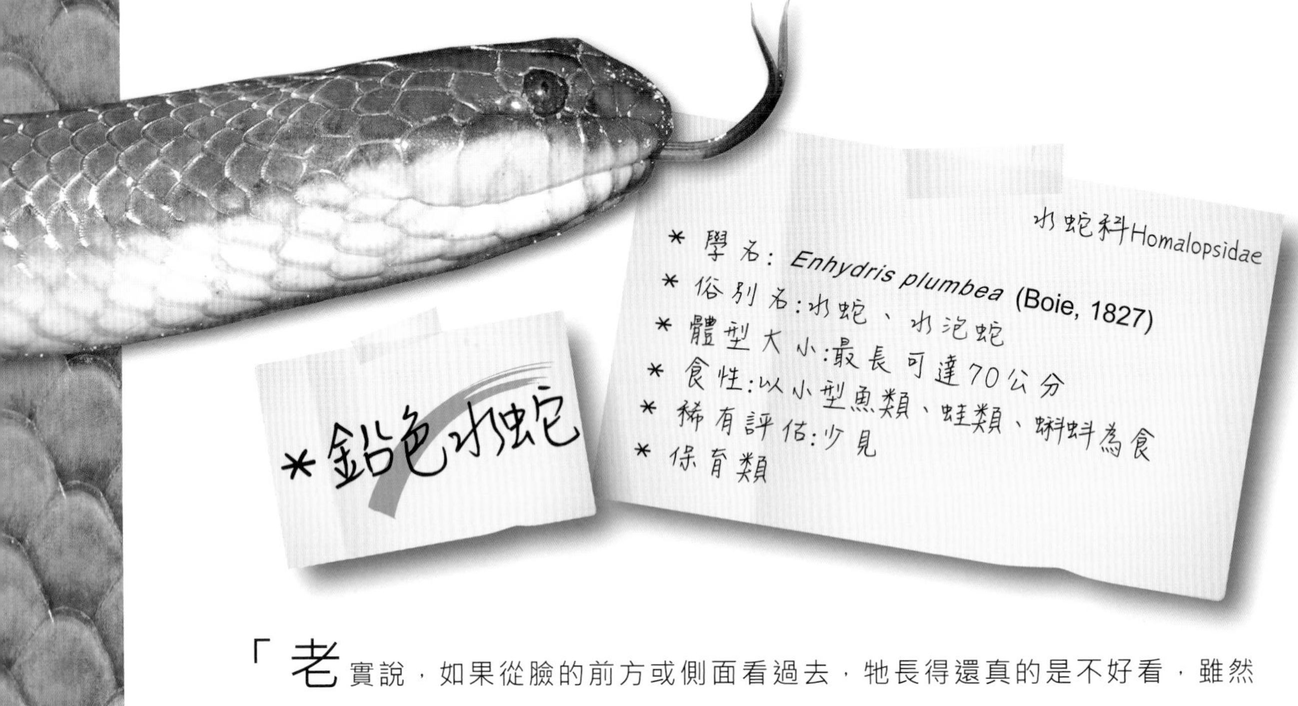

「老實說，如果從臉的前方或側面看過去，牠長得還真的是不好看，雖然這樣說對牠很不好意思，但圓胖的臉，再加上看起來很無辜的表情，實在是很好笑！」第一次看到鉛色水蛇，心中就留下了這印象，我想有一句話應該蠻適合牠的：我很醜，但是我一點也不溫柔！鉛色水蛇在受到驚擾後，容易有開咬的攻擊行為，並且帶有輕微的毒性，因此在觀察時可要小心注意。不過，卻因為棲地受到破壞等因素，現在也不容易見到牠了。

幼蛇，與成蛇差異不大

成蛇

身體為均一的鉛灰色，且少有斑點

捕食泥鰍

舌頭具有2種色調，基部為紅色，其餘為深褐色

眼睛與鼻孔位置偏向身體上方

體鱗光滑

腹鱗有不明顯的黑緣

某天半夜，按照慣例小黑又打電話來叫我起床尿尿，說要跟我講個小秘密，他說在拍完那隻黑不啦嘰的鈍頭蛇之後，比對了幾百張的鈍頭蛇照片，發現紅眼的沒有稜脊，黃眼的有稜脊，起初我以為小黑又在唬爛，但他難得講的這麼認真，好像似乎有這麼一回事勒！沒多久，小黑把這小祕密跟崇瑋討論，後再透過崇瑋的努力，果然發現了鈍頭蛇之間的差異，其中的泰雅鈍頭蛇是新種，這結果比一開始小黑跟我所預期的還豐富，真是可喜可賀阿！

體色一般為黃褐色

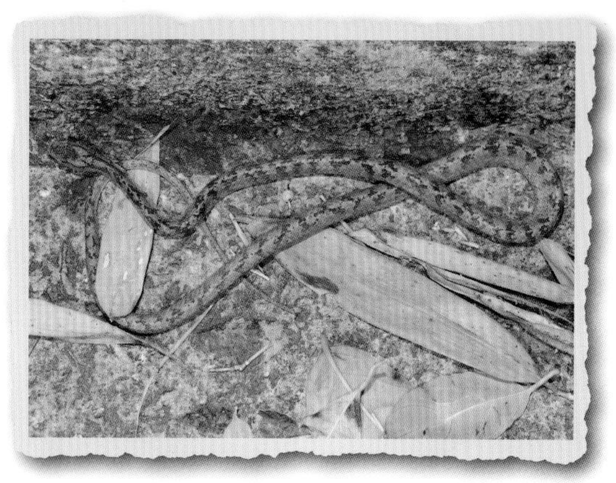

主要分布在雪山山脈以北

眼睛虹膜為黃色

頭部上方有W形的黑色斑紋

受到驚擾後，有些個體會有攻擊行為

受到驚擾後，有些個體會將頭藏在身體中呈球狀

下頷頦鱗呈左右交錯

體鱗稜脊較不明顯

某個跟小黑在山區閒晃的夜晚，車子開著開著看到前方有根小樹枝在路上，小黑下車查看準備把樹枝移走時，才發現這小樹枝是條台灣鈍頭蛇！雖然常見，但在收穫不多的夜晚，能夠露臉陪伴、撫慰我們的心靈也是不錯，所以就把車停好，拿出相機記錄一下！拍沒多久，車子後方有台警車逐漸靠近，停車後警察一下車，便大聲問我們在做什麼，解釋了一下，才知道警察伯伯以為我們是山老鼠，所以手槍已經是上膛準備擊發狀態，真是驚險！不過還是想說，雖然我們面惡但人是很耐斯的阿！

體色為黃褐色的個體

體色為紅褐色的個體

全台都有分布

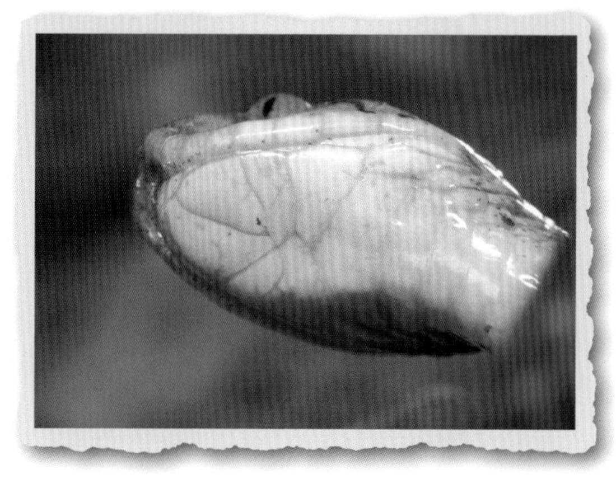

下頷頦鱗呈左右交錯

受到驚擾後，有些個體會有攻擊行為

受到驚擾後，有些個體會將身體蜷曲成球狀

眼睛虹膜為橘紅色

體鱗光滑無稜脊

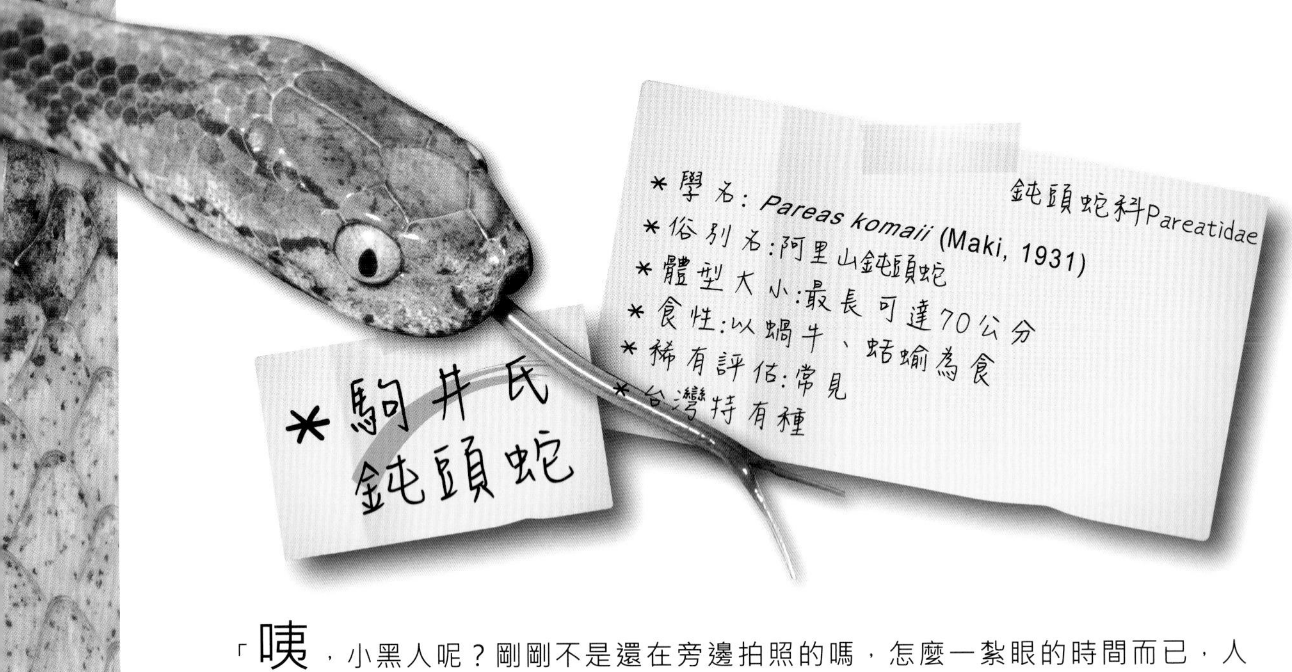

「咦，小黑人呢？剛剛不是還在旁邊拍照的嗎，怎麼一眨眼的時間而已，人就不見了勒？」繼續拍了幾張照片，但總覺得不太對勁。忽然聽到草叢那好像有小黑的聲音，走過去一看，才發現小黑掛在懸崖邊，小黑說他想換個位置、角度拍照，但一腳踩空，人就滑下去了，且只剩3隻手指頭在支撐。聽到後嚇到頭皮發麻，趕緊把他拉上來，才結束了一場驚魂記，而小黑也嚇出了一身汗。還好，有燒香有保佑，在野外安全是很重要的！

一般體色為黃褐色，分布於中南部與東部

體色為灰褐色的個體

體色為黑褐色的個體

受到驚擾後，有些個體會將頭藏在身體中，形成這有趣的畫面

以蝸牛、蛞蝓為食

眼睛明顯外凸，頭頸部上方有W形的黑色斑紋

體鱗稜脊較明顯

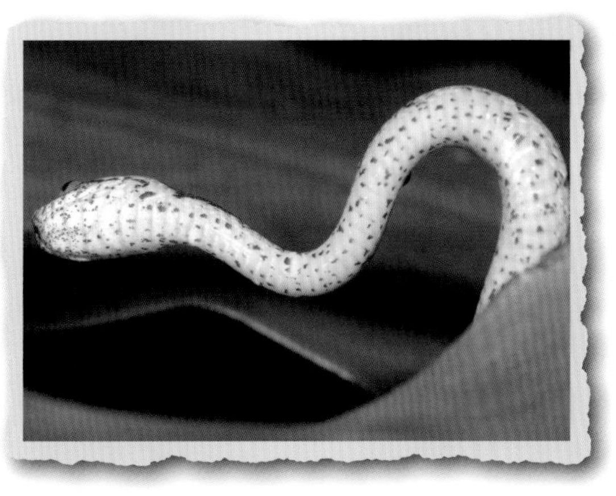

下頜頦鱗呈左右交錯

一提到雨傘節，大家應該都不陌生，那黑白分明的身體，以及是種毒性頗強的毒蛇。不過，脾氣卻是出奇的溫馴，除非是動手抓牠，才會出現較激烈的攻擊行為，通常看到牠後不是急著落跑就是會把頭藏在身體下，相當有趣！最近，小黑記錄到雨傘節撿食路死的黑眶蟾蜍，特別的是，牠僅吞食被牠扯下的蛙腿，這畫面實在是非常的特別，原來雨傘節也會撿屍體阿！

幼蛇

全身黑白分明

花紋變異的個體

捕食鱔魚

撿食路上被壓死的蟾蜍屍體

捕食同類

捕食黑頭蛇

體背中央有一列大型的六角形鱗片

*眼鏡蛇

眼鏡蛇科Elapidae

* 學名：*Naja atra* Cantor, 1842
* 俗別名：飯匙倩
* 體型大小：最長可達165公分
* 食性：以蛙類、蜥蜴、小型哺乳類動物、鳥類及蛇類為食
* 稀有評估：偶見
* 保育類

眼鏡蛇應該可以說是平原地區數量較多，且有威脅性的毒蛇。不過牠的招牌動作若是沒有出現，一般民眾還是不容易認出牠。在受到驚擾之後，頸部的皮摺會擴張，身體前半段會抬起，形狀有如飯桌上的湯匙，因此有個「飯匙倩」的稱號。電視節目上常看到弄蛇人吹著笛子，眼鏡蛇跟著搖擺的畫面，不過蛇能聽到的聲音有限，牠多半是被眼前的搖晃動作所激怒，如果這時從後方或是正上方慢慢靠近，牠可是不會發現的！

幼蛇，腹面偏白的個體

幼蛇，腹面偏黑的個體，身上有白色細紋

成蛇，腹面偏白的個體

成蛇，腹面偏黑的個體

毒牙小，被激怒後才會攻擊

捕食臭青公

頸部有白色斑紋，形如眼鏡而得名

頸部斑紋不明顯的個體

趁著周休假日，約了小黑一起到北部山區走走，期待能看到還尚未見過的羽鳥氏帶紋赤蛇。由於體型不是很大，因此尋找的過程多半是用走的，任何角落都不能放過，所以找起來格外的耗費體力。整個晚上除了赤尾青竹絲，就沒其他種類了，就在要放棄時，或許是山神的眷顧，終於在路旁看到了活動的個體，那美麗的身軀，讓整身的疲憊都煙消雲散了！

幼蛇，與成蛇無明顯差異

身體具有3條黑色縱帶

身體兩側有許多白色斑紋

受到干擾後尾部會有捲起的行為

頭後方有一白色橫紋

腹面有許多黑斑

體鱗光滑

尾巴短，並且末端成角質尖刺狀

*環紋赤蛇

眼鏡蛇科Elapidae

*學名：*Sinomicrurus macclellandii swinhoei* (Van Denburgh,1912)
*俗別名:環紋華珊瑚蛇、環紋赤蛇台灣亞種
*體型大小:最長可達80公分
*食性:以小型蛇類、小型蜥蜴為食
*稀有評估:少見
*台灣特有亞種　保育類

在課堂上跟大家分享台灣的毒蛇時，只要show出環紋赤蛇的照片，大家不免驚呼，原來台灣也有珊瑚蛇喔？鮮豔的紅色，以及許多黑色的環帶，組合起來的確與珊瑚蛇相似，可以說是台灣版的珊瑚蛇。環紋赤蛇屬於小型蛇類，數量少，具有毒性，不過性情非常溫馴，目前還沒有聽過被咬的案例。用手捕捉時，常會使用尾巴的尖刺攻擊，攻擊力道是還不至於會流血，但仍要注意牠還是毒蛇，所以希望你不會是第一個被咬的案例！

幼蛇，與成蛇無差異

有些個體身上有許多黑色斑點

體色多為紅色或橘紅色

腹部白色，且有許多黑色斑紋

黑色橫帶較紅色橫帶窄

部分個體在紅色橫帶會有黑色斑點

頭部有一較寬的白色橫帶

尾部短，末端為角質化尖刺

眼鏡蛇科Elapidae

* 梭德氏帶紋赤蛇

* 學名：*Sinomicrurus sauteri* (Steindachner,1913)
* 俗別名：梭德氏華珊瑚蛇、台灣麗紋蛇
* 體型大小：最長可達90公分
* 食性：以小型蛇類為主食
* 稀有評估：極少見
* 台灣特有種　保育類

「志明，有外國朋友要來台灣，想找我們當嚮導，一起上山去觀察耶！」原來是外國朋友Jeff非常喜歡自然生態，透過友人Emily在網路上搜尋，結果找到了小黑的部落格。有朋自遠方來，我們當然是熱烈歡迎啊！不過時間已經是冬天了，實在沒把握能讓他們看得很精彩。或許是山神的保佑，先給小黑發現了一條青蛇，而就在拍照的時候，Jeff往旁邊的地上指了指，靠過去一看，Jeff發現了一條漂亮的「蚯蚓」，哇嗚！這是我們肖想很久的梭德氏帶紋赤蛇耶！霎那間，安靜的山林充滿了我們的歡呼聲，真是帥啊，Jeff！

成蛇

捕食盲蛇

頭部有許多黑色斑塊

頭背部有一白色橫斑

身體側面幾乎無白色短斑

體色為橘紅色，並有3條黑色縱斑

腹面白色，有許多不規則黑斑

尾部短，末端為角質化的尖刺

* 鎖蛇

記錄蛇的旅程中，不管是有毒或沒有毒的蛇，通常在觀察後都可以慢慢靠近，以不驚嚇到蛇的情況下完成拍攝。但是，只有一種，就是散發出令人恐懼、害怕的氣息，現在回想起來還是會毛骨悚然的鎖蛇。有如地雷般恐怖的鎖蛇，數量稀少，攻擊性強，受到刺激後身體常會盤捲成蚊香狀，並發出「嘶、嘶」的警告聲。因為毒性複雜，血清不普遍的情況下，在拍照的過程總是心驚膽跳，深怕牠在身上留下難以抹滅的印記。

幼蛇，尾巴帶有黃色調

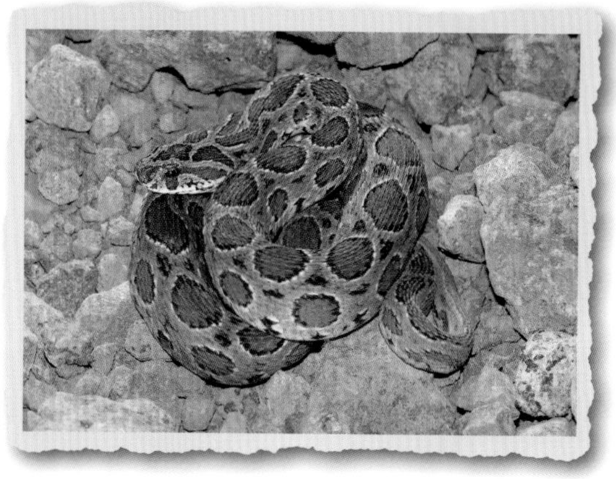

成蛇，體型粗壯

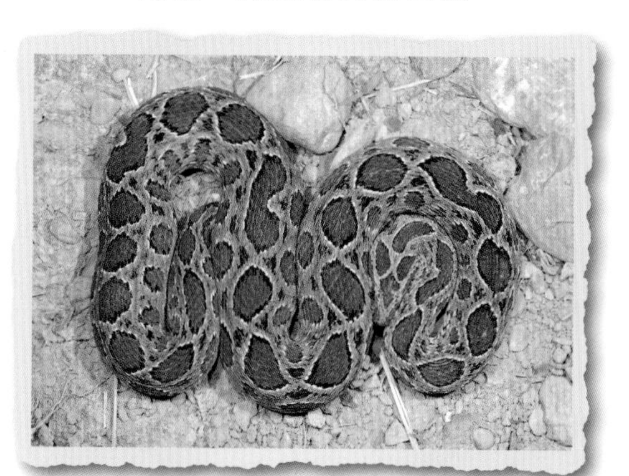

身上有許多排列規則的圓形斑點

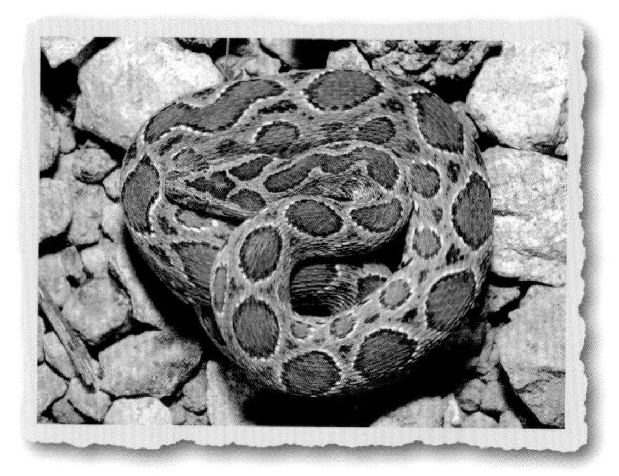

令人眼花撩亂的花紋

雌蛇與剛出生的幼蛇

鼻孔大，無頰窩，頭上有3個大型深色斑紋

毒牙

體鱗具有稜脊

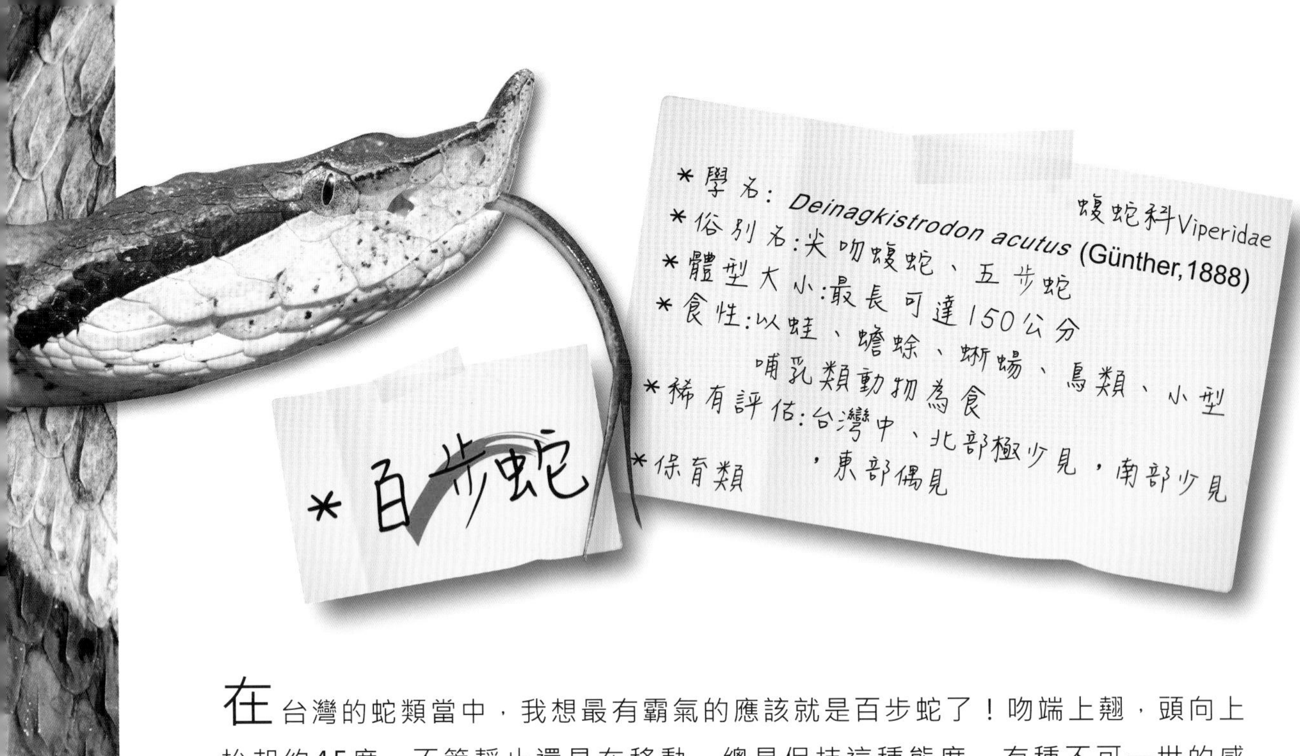

在台灣的蛇類當中，我想最有霸氣的應該就是百步蛇了！吻端上翹，頭向上抬起約45度，不管靜止還是在移動，總是保持這種態度，有種不可一世的感覺。但由於數量不多，不容易發現，因此在尋找時吃足了苦頭，也因為身上的三角形花紋，讓牠輕易的就隱身在環境中，不仔細找還不容易發現。第一次看到牠，小黑還把牠當成路旁的垃圾，好在有停車下來「撿垃圾」，不然可就錯失大好機會了！

幼蛇

體色為紫灰色個體

體色為黃褐色個體

體色偏藍色調的個體

吻端上翹，頭呈明顯的三角形

身體兩側有三角形花紋，體鱗具有明顯稜脊

腹面有黑色斑紋

毒牙

夏季是多數爬蟲類動物活動的旺季，當然也是我們夜觀的最佳時刻，而當氣溫降低，季節進入秋、冬後，要在晚上見到蛇的難度就很高了。因此，這時到山上去就不會抱著太大的希望，僅騎著車享受山裡的清靜也很不錯。不過，就在以3、40左右的速度滑下山時，突然瞥見路旁似乎有什麼東西，是牠嗎？車子掉頭回去一看，哇，果然是小花臉，最漂亮的蝮蛇啊！不過大多數遇到的個體會有攻擊的行為，因此在拍照時可要當心，牠雖然美麗，但牠可是毒蛇哩！

幼蛇

體色以紅褐色為主

身體有許多深色斑紋

體型短胖

有強烈的攻擊性

眼睛下方及後方有黑色縱帶

尾巴末端有許多白色斑點

體鱗光滑

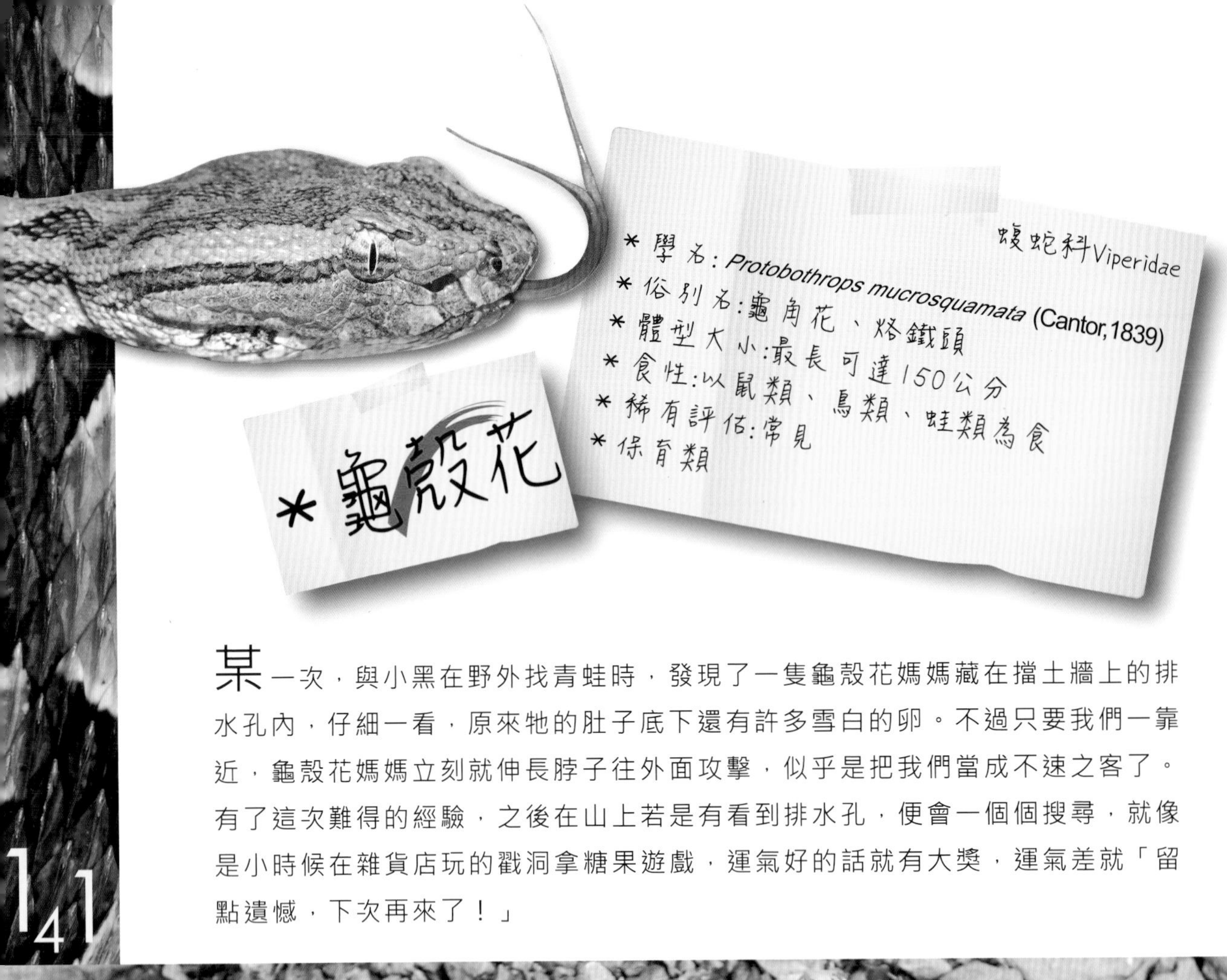

＊龜殼花

蝮蛇科Viperidae

* 學名：*Protobothrops mucrosquamata* (Cantor,1839)
* 俗別名：龜角花、烙鐵頭
* 體型大小：最長可達150公分
* 食性：以鼠類、鳥類、蛙類為食
* 稀有評估：常見
* 保育類

某一次，與小黑在野外找青蛙時，發現了一隻龜殼花媽媽藏在擋土牆上的排水孔內，仔細一看，原來牠的肚子底下還有許多雪白的卵。不過只要我們一靠近，龜殼花媽媽立刻就伸長脖子往外面攻擊，似乎是把我們當成不速之客了。有了這次難得的經驗，之後在山上若是有看到排水孔，便會一個個搜尋，就像是小時候在雜貨店玩的戳洞拿糖果遊戲，運氣好的話就有大獎，運氣差就「留點遺憾，下次再來了！」

幼蛇

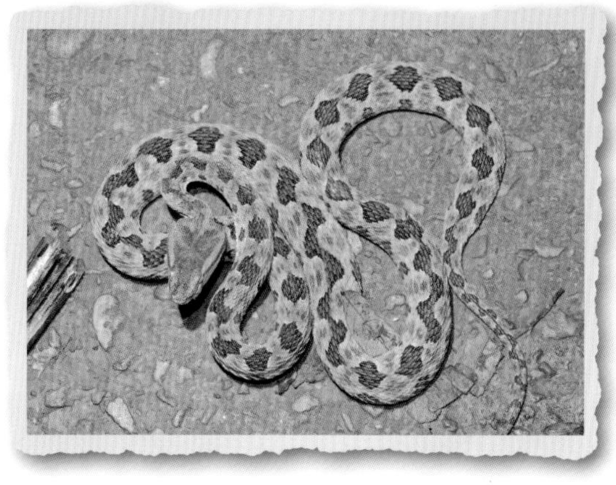

成蛇

體色以褐色為主，且有許多不規則的深色斑紋

雌蛇有護卵行為，此時的攻擊性非常強

頭大且呈三角形，頭頂鱗片為均一的小型鱗片

有明顯頰窩

毒牙

體鱗具有明顯的稜脊

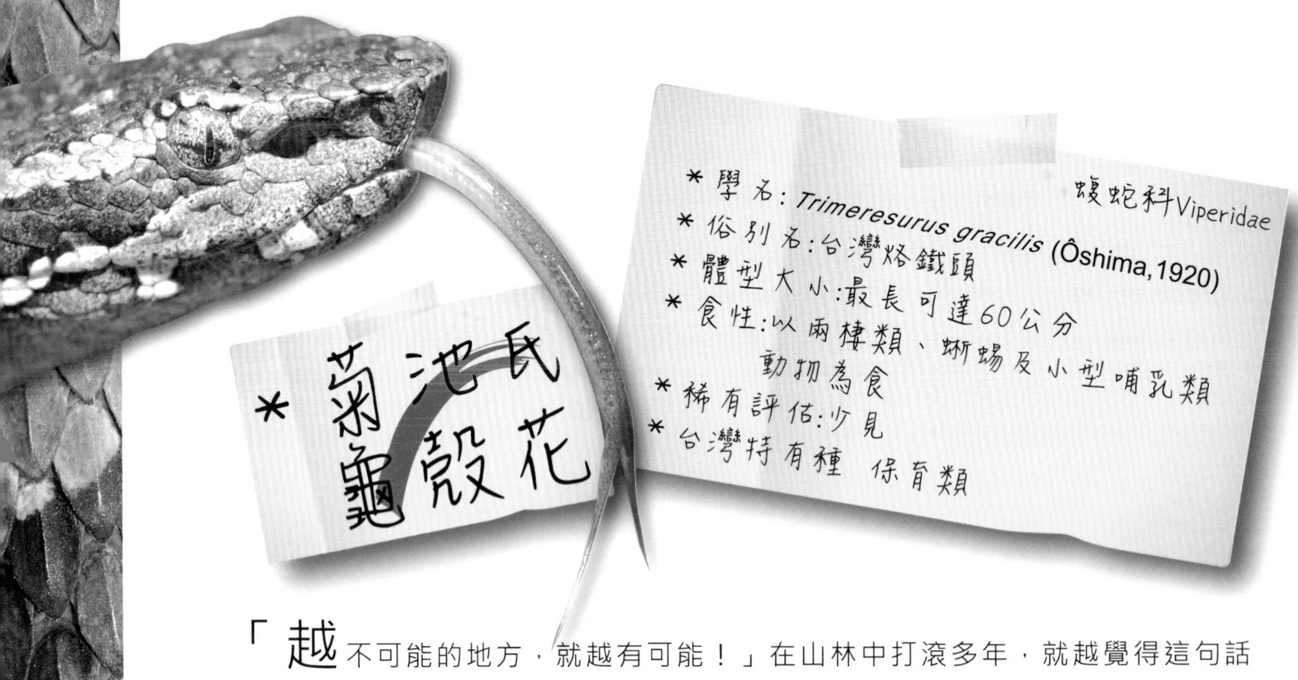

「越不可能的地方，就越有可能！」在山林中打滾多年，就越覺得這句話的奇妙。想找的、要看的種類有時再怎麼找，就是無緣一見，結果通常會在你意想不到的環境中出現，真是讓人好笑又無力。當初在找菊龜的時候，一夥人花了許多的時間與力氣，在所有大家都認為可能出現的環境中找了幾遍，累到氣喘吁吁還是不見蹤影。最後，竟在路邊不起眼的地方發現了牠，雖然身體很疲憊，大夥還是像瘋子一樣的在山裡歡呼，沒有什麼是不可能的，現在越來越是能體會了！

幼蛇

成蛇，身體有許多深色斑紋

深色斑紋較不明顯的個體

眼後有一深色縱斑

體色偏紅褐色個體，身上斑紋不明顯

捕食雪山草蜥

體鱗具有稜脊

腹部為黃褐色

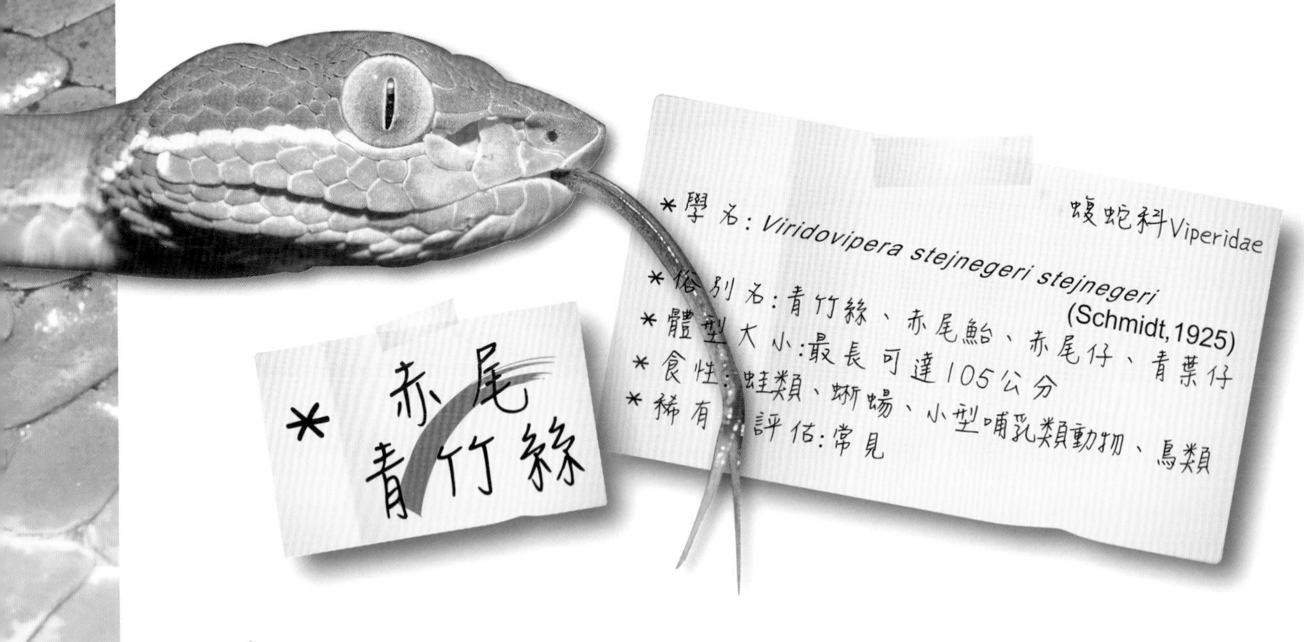

在台灣三種綠色的蛇當中，只有赤尾青竹絲是蝮蛇科的常見毒蛇，並且有著一雙血輪眼，近看之下還帶有些許的邪惡氣息。從開始野外觀察後，由於早期是拍青蛙為主，有青蛙的地方就容易有蛇，尤其是赤尾青竹絲，總是可以看到牠靜止不動的盤在水邊、植物上，等待獵物上門，常常幾天後也還會出現在相同的位置，是個標準的坐等型蛇種！雖然牠的毒性不強，但拍攝時還是得保持一個安全距離，被咬到可就不好玩了！

幼蛇

有些個體身上會有白色斑點

體色為綠色，身體兩側有白色縱線

腹鱗綠色

眼睛多為橘紅色，瞳孔在強光照射下呈垂直

正在吞食褐樹蛙

具有極強彈性的皮膚，能幫助獵物的吞食

在吞食較大的獵物後，常會有矯正上下顎骨的動作

Chapter 10
相似蛇種

蛇的種類很多，
有些個體之間有著相似的體型、體色、花紋，
不過卻是不同種喔！
以台灣最常見種類為例：
體色是綠色的青蛇常被誤認為是赤尾青竹絲，
體紋黑白相間的白梅花蛇常被誤認為是雨傘節，
擬龜殼花更是因為長的像龜殼花而常被誤認為是龜殼花，
最後的下場往往就是被處死，
可以說死的非常冤枉！

仔細觀察，其實這些蛇的差異都還蠻大的，
不過若是不喜歡蛇，也不要用棍棒終結牠們，
畢竟牠們是有所貢獻的，同時也是一條生命啊！

相似蛇種之辨識

南蛇與細紋南蛇辨識特徵：

1.南蛇

南蛇唇鱗上具黑色斑.

2.細紋南蛇

細紋南蛇唇鱗上無黑色斑.

白梅花蛇與雨傘節辨識特徵：

3.白梅花蛇

白梅花蛇背部體鱗大小一致.

4.雨傘節

雨傘節體背中央有一列
大型六角形鱗片.

標蛇與台灣標蛇辨識特徵：

5.標蛇

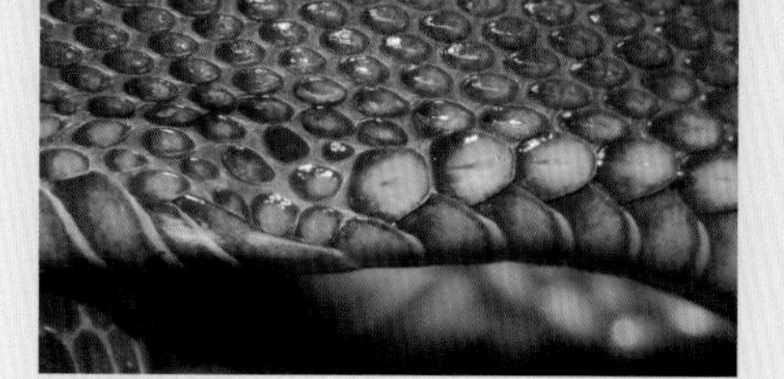

尾下鱗相鄰的第一列尾鱗明顯大於第二列尾鱗.

6.台灣標蛇

尾下鱗相鄰的第一列尾鱗不會明顯大於第二列尾鱗.

金絲蛇與梭德氏帶紋赤蛇辨識特徵：

7.金絲蛇

眼大,眼睛後方各有一白色斑點

8.梭德氏帶紋赤蛇

眼小,頭後方有一白色橫紋.

相似蛇種之辨識

梭德氏游蛇與排灣腹鏈蛇辨識特徵：

1.梭德氏游蛇

身體前半段黃白色斑紋呈點紋狀交錯

2.排灣腹鏈蛇

身體前半段黃白色斑紋呈條紋狀交錯

大頭蛇與駒井氏鈍頭蛇辨識特徵：

3.大頭蛇

頸部細,頭頸區分較明顯.

4.駒井氏鈍頭蛇

頭頸區分較不明顯.

花浪蛇與草花蛇辨識特徵：

5.花浪蛇

眼睛前方及後方常帶有4條黑色斑紋.

6.草花蛇

眼睛下方及後方有2條黑色斜紋.

赤尾青竹絲與青蛇辨識特徵：

7.赤尾青竹絲

瞳孔垂直,頭頂鱗片小,體側有一白色縱線.

8.青蛇

瞳孔圓形,頭頂鱗片大,體側無白色縱線.

相似蛇種之辨識

青蛇與灰腹綠錦蛇辨識特徵：

1.青蛇

眼睛前後無任何黑色斑

2.灰腹綠錦蛇

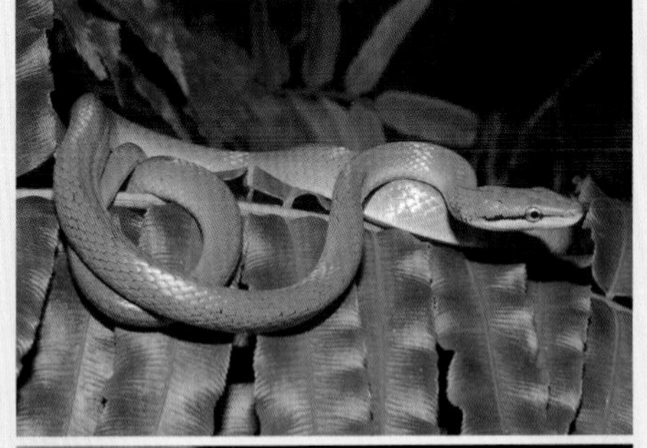

眼睛前後具黑色過眼線

鐵線蛇與盲蛇辨識特徵：

3.鐵線蛇

頸背部常具黑色斑

4.盲蛇

眼小, 體色一致

紅斑蛇與環紋赤蛇辨識特徵：

5.紅斑蛇

頭部無白色橫斑

6.環紋赤蛇

頭部有一較寬的白色橫帶

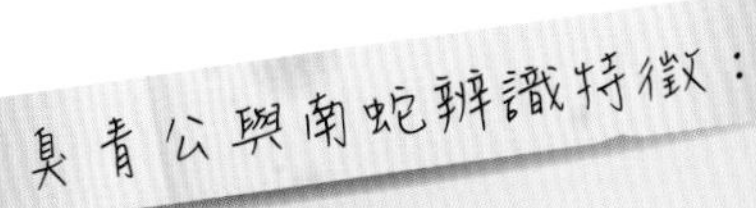

7.臭青公

頭頂鱗片邊緣帶黑色

8.南蛇

頭頂鱗片不帶黑緣

相似蛇種之辨識

擬龜殼花與龜殼花辨識特徵：

1.擬龜殼花

頭頂鱗片較大

2.龜殼花

頭頂鱗片細小

赤背松柏根與赤腹松柏根辨識特徵：

3.赤背松柏根

頭部有著如人形的深色斑紋

4.赤腹松柏根

頭部有三個V字形花紋, 最後一花紋呈愛心狀.

斯文豪氏遊蛇與福建頸斑蛇辨識特徵：

5.斯文豪氏遊蛇

眼睛下方及後方有明顯黑色斑紋

6.福建頸斑蛇

唇鱗有明顯黑緣

白腹遊蛇與赤腹遊蛇辨識特徵：

7.白腹遊蛇

腹部底色白色

8.赤腹遊蛇

腹部橘紅色

相似蛇種之辨識

梭德氏帶紋赤蛇與羽鳥氏帶紋赤蛇辨識特徵：

1.梭德氏帶紋赤蛇

體側白色斑點較少

2.羽鳥氏帶紋赤蛇

體側白色斑點明顯較多

紅竹蛇與紅斑蛇辨識特徵：

3.紅竹蛇

頭頂具一字形黑色斑

4.紅斑蛇

頭部全黑與頸交接處有一V形紅棕色斑

鉛色水蛇與唐水蛇辨識特徵：

5.鉛色水蛇

背部不具深色雜斑

6.唐水蛇

背部有明顯深色雜斑

過山刀與南蛇辨識特徵：

7.過山刀

體背有兩條黑色縱線

8.南蛇

體背有黑色橫斑

相似蛇種之辨識

眼鏡蛇與南蛇辨識特徵：

1.眼鏡蛇

頸部有一明顯白色花紋

2.南蛇

頸部無任何花紋

雨傘節與紅斑蛇辨識特徵：

3.雨傘節

全身黑白分明

4.紅斑蛇

身體有許多紅、黑相間的花紋

百步蛇與高砂蛇辨識特徵：

5.百步蛇

吻端上翹，頭呈明顯三角形

6.高砂蛇

體色艷麗、漂亮，頭部有 3 條黑色橫斑

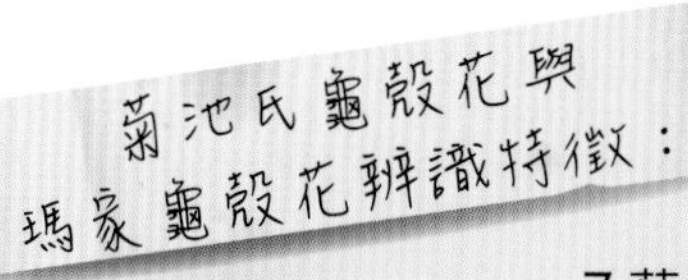

7.菊池氏龜殼花

成體尾巴不具白色斑，體色不偏紅

8.瑪家龜殼花

成體尾巴具白色斑點，體色偏紅

相似蛇種之辨識

中國小頭蛇與赤腹松柏根辨識特徵：

1.中國小頭蛇

頭頸部有箭矢狀花紋.

2.赤腹松柏根

頭頂前2個V字形斑紋延伸至頭側，第三個為心型花紋.

中國小頭蛇與赤背松柏根辨識特徵：

3.中國小頭蛇

頭頸部有箭矢狀花紋.

4.赤背松柏根

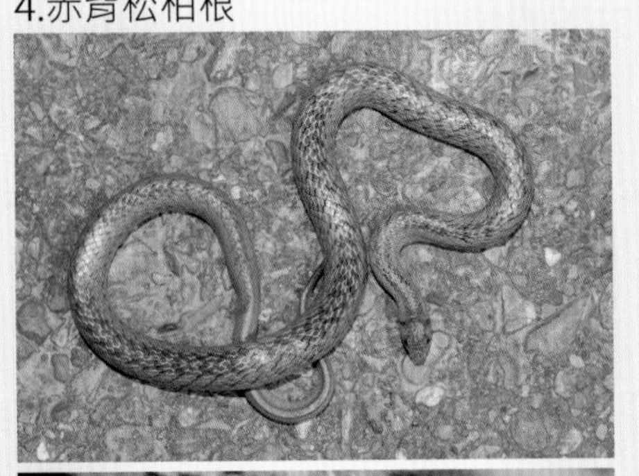

頭頂上有人型的深色斑紋.

泰雅鈍頭蛇與台灣鈍頭蛇辨識特徵：

5.泰雅鈍頭蛇

虹膜黃色，體鱗稜脊不明顯.

6.台灣鈍頭蛇

虹膜橘紅色，體鱗光滑無稜脊.

台灣鈍頭蛇與駒井氏鈍頭蛇辨識特徵：

7.台灣鈍頭蛇

虹膜橘紅色，體鱗光滑無稜脊.

8.駒井氏鈍頭蛇

虹膜黃色，體鱗稜脊明顯.

Chapter 11

蛇類咬傷處理

目前台灣的陸棲蛇類約有50種，
其中有毒的種類約16種(微毒與劇毒)，
大頭蛇、茶斑蛇、台灣赤煉蛇、
唐水蛇與水蛇為後溝牙蛇類，
毒液量少且毒性較弱，
被咬後多半是造成局部紅腫，
大部分並不會對人有致命的傷害，
而咬傷致死的案例，
多數以台灣較為常見的六種毒蛇為主。

蛇類咬傷處理

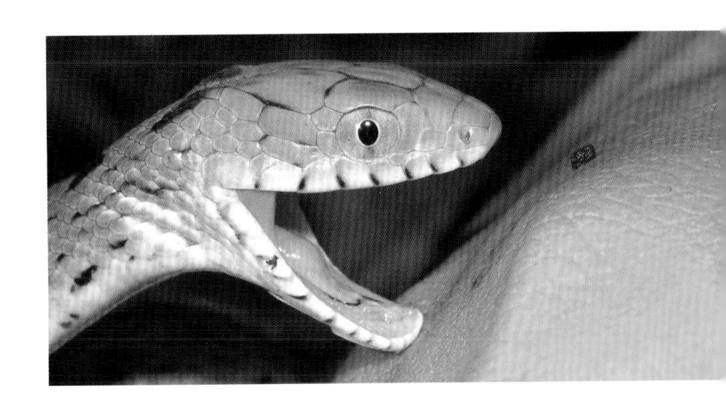

以毒性區分，可大略分為神經性與出血性毒素兩大類，神經性毒蛇包括眼鏡蛇科的眼鏡蛇、雨傘節、環紋赤蛇、羽鳥氏帶紋赤蛇與梭德氏帶紋赤蛇；出血性毒蛇則有響尾蛇亞科的百步蛇、龜殼花、赤尾青竹絲、阿里山龜殼花與菊池氏龜殼花，而蝮蛇亞科的鎖蛇為混和性毒蛇。

被蛇類咬傷後，首要工作為確認是否為毒蛇，若無法確認種類，則建議帶著蛇類屍體，盡速至附近醫院救治。過程中，被咬傷的部位盡量低於心臟高度，並保持冷靜，避免毒液迅速擴散至其他部位。

• 有些無毒的蛇類脾氣較兇悍，遇到危險後馬上會張嘴反擊。

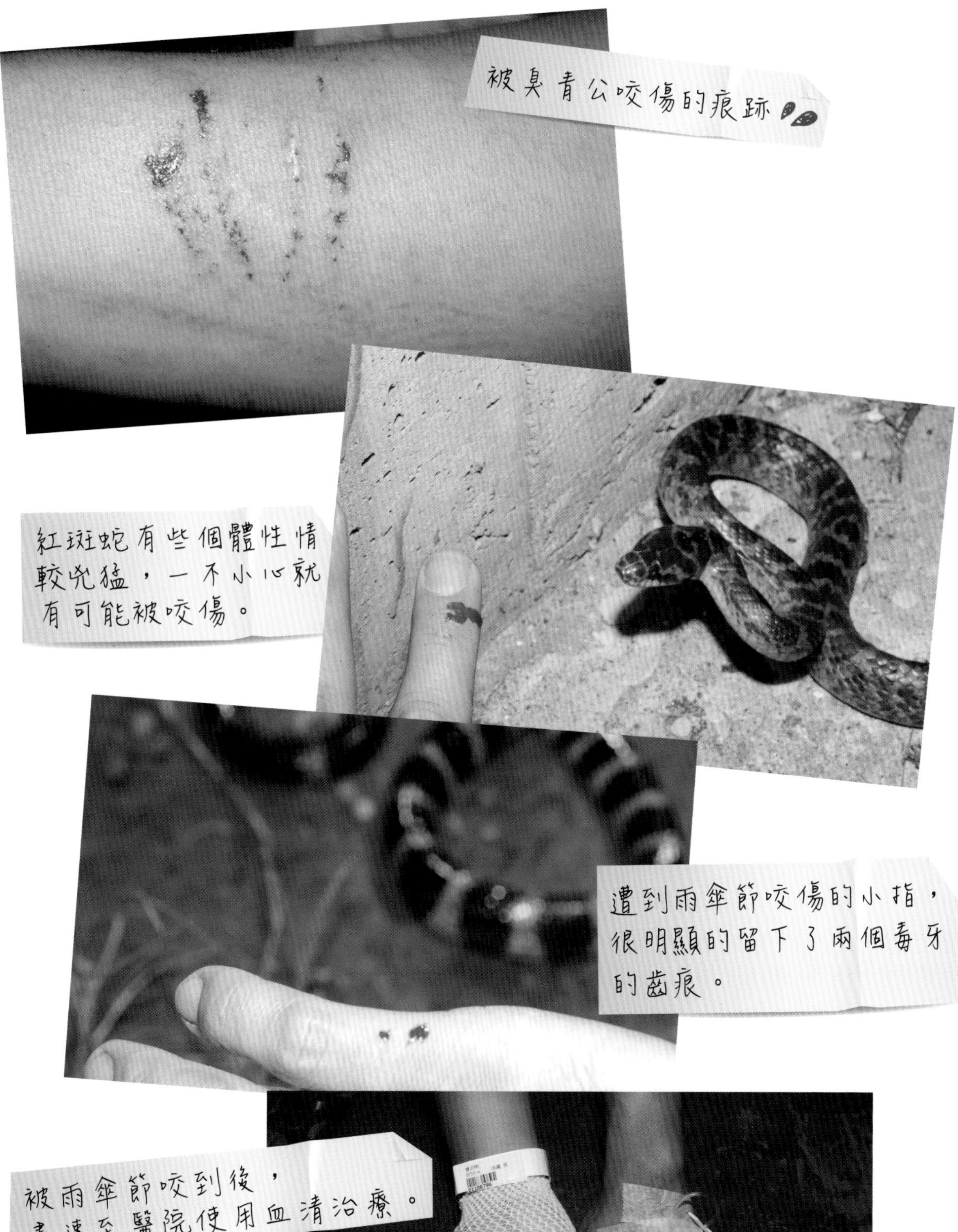

被臭青公咬傷的痕跡

紅斑蛇有些個體性情較兇猛，一不小心就有可能被咬傷。

遭到雨傘節咬傷的小指，很明顯的留下了兩個毒牙的齒痕。

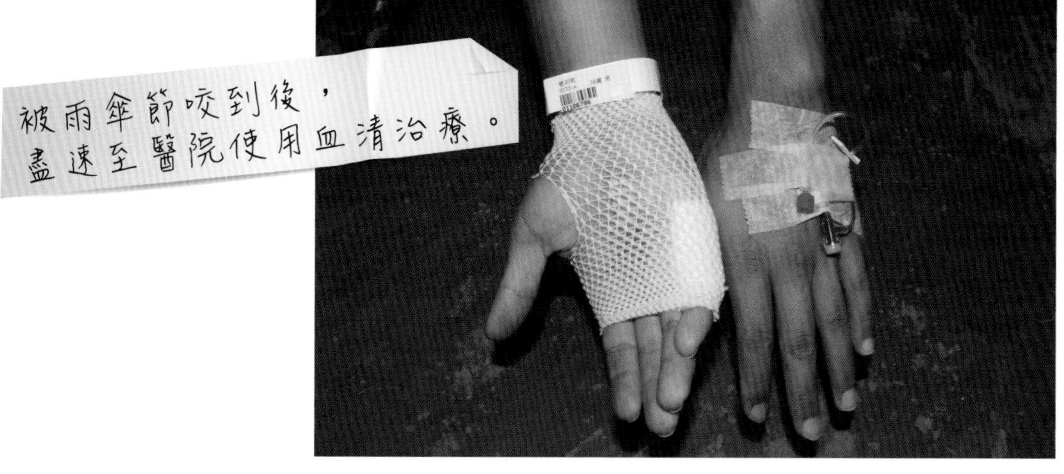

被雨傘節咬到後，
盡速至醫院使用血清治療。

Chapter 12

台灣16種毒蛇

「你為什麼會怕蛇？」
「因為蛇有毒會咬死人！」
聽到這樣的回答，
心裡難免會有些難過，
錯誤的觀念不僅會讓人增加對蛇的恐懼，
也會讓蛇類背負著沉重的枷鎖，
如過街老鼠一般，人人喊打。

台灣的蛇類中，毒蛇主要有4科，
分別是黃頜蛇科、水蛇科、眼鏡蛇科以及蝮蛇科。
黃頜蛇科與水蛇科的毒蛇主要為後毒牙類，
一般對人類不會有致命性的傷害，
但唯有赤煉蛇值得注意，
因為過去日本亞種曾有咬人致死的案例。
眼鏡蛇科以及蝮蛇科的毒蛇毒性較強，
若被咬傷後需保持鎮靜，
盡速就醫使用抗毒血清治療。

台灣16種毒蛇

1.大頭蛇

2.茶斑蛇

3.台灣赤煉蛇

4.唐水蛇

5.鉛色水蛇

6.雨傘節

7.眼鏡蛇

8.羽鳥氏帶紋赤蛇

9.環紋赤蛇

10.梭德氏帶紋赤蛇

11.鎖蛇

12.百步蛇

13.瑪家龜殼花

14.龜殼花

15.菊池氏龜殼花

16.赤尾青竹絲

Nikon
Nikon

Chapter 13

花絮

在野外，

想要觀察蛇類，記錄牠們的特徵，

或想更了解牠們，

使用相機是我們最直接的方式。

因為這樣，我們常常與蛇類接觸，

不過在觀察之前當然也必須要先了解每隻蛇的脾氣，

與蛇保持一定的安全距離，以避免受傷。

在拍照的當下，

也可看看身邊的朋友，

是否正用什麼怪異的姿勢，

或是非常專注的神情在拍攝，

此時不妨將鏡頭轉個角度，

把這些有趣的畫面記錄下來，

以後這將會是你的爆笑回憶。

花絮

擬龜殼花：我有毒，小心我咬你喔！
大黑阿伯：我好怕喔！
以為我不知道你是擬龜殼花啊，哼！

紅斑蛇：有壞人，快逃啊~
志明：我看你可以爬多高！

眼鏡蛇：這個姿勢有帥吧！
志明：還不錯，我再拍個幾張！

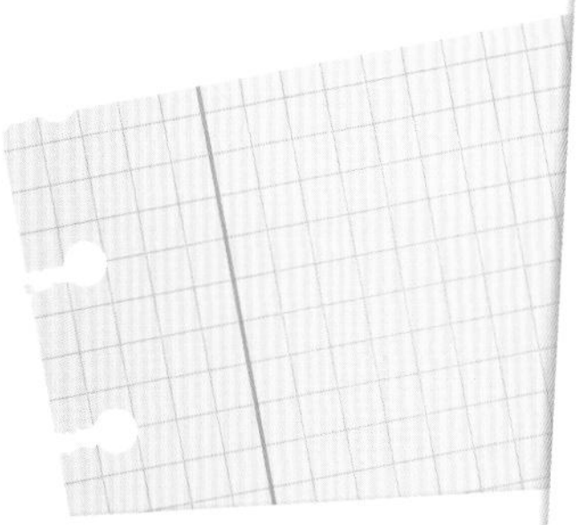

南蛇：沒看到我很大隻嗎？
露出得意笑容的北志明：不然你咬我啊，笨蛋！

木瓜：是美麗的青蛇耶！
青蛇：我只是不小心路過就被發現了~

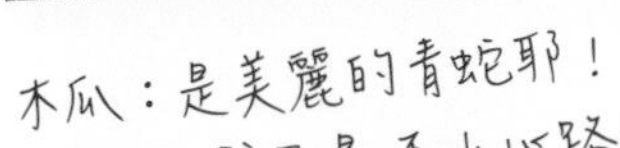

大頭蛇：怎麼好像有人在偷拍！
志明：嘿嘿，你看不到我~你看不到我~

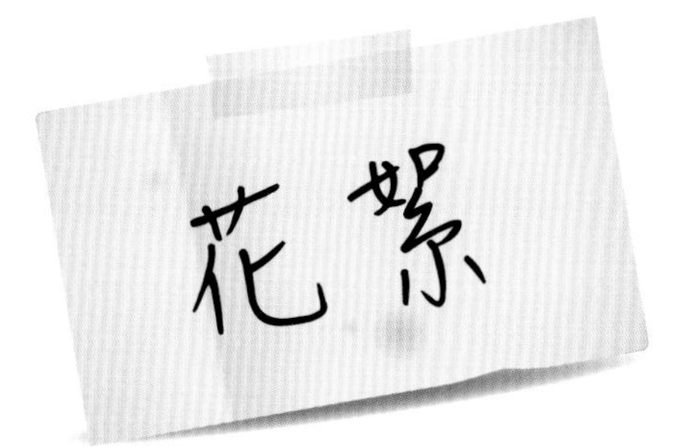

小黑：看我臭臭果實的威力，
用我的體臭燻昏你！
臭青公：居然有比我臭的，我輸了~

志明：看樣子好像很不錯吃耶！
赤尾青竹絲：趕快吞，不然會被搶走！

志明：你怎麼這麼白，嚴重羨慕中~
南蛇：也不是我願意的(遠目)！

瑪家龜殼花：你知道我是毒蛇嗎？
小安：知道啊，叔叔是有練過的！

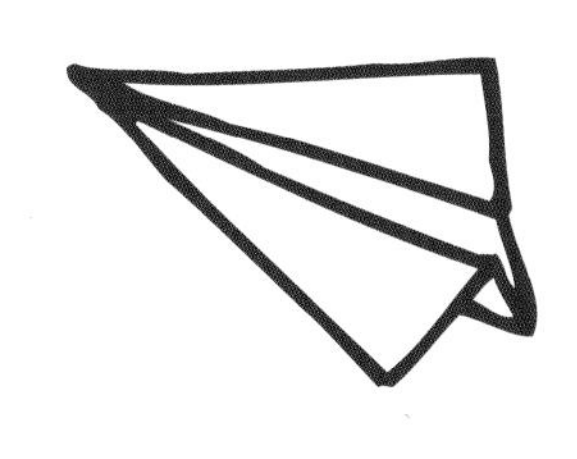

龜殼花：你可以再靠近一點！
大黑阿伯：我不要，我會怕怕！

小黑：志明你過去一點啦！
志明：我不要，這個位置是我先卡的，
等我拍爽再換你！
雨傘節：………(無言)

科名索引

盲蛇科 Typhlopidae

蟒　科 Pythonidae

黃頷蛇科 Colubridae

中文索引

學名索引

國家圖書館出版品預行編目資料

自然生活記趣 : 臺灣蛇類特輯 / 江志緯, 曾志明著
-- 二刷. -- 臺北市 : 印斐納褆, 民106.08
面 ; 公分
ISBN 978-986-89216-0-3(平裝)
1.蛇 2.動物圖鑑 3.臺灣
388.796 102000909

自然生活記趣 台灣蛇類特輯

作　　者／江志緯　曾志明
編　　輯／吳晉杰
校　　對／陳怡璇
排　　版／呂孟娟
美術設計／廖于瑄　王璟文
總 策 劃／寵物官邸
行銷企劃／爬王
發 行 者／印斐納褆國際精品有限公司
407-53台中市西屯區大河一巷3弄20號
TEL：(04) 2317-1499
FAX：(04) 2317-8189
E-mail:nature.travel.life@gmail.com
委任印刷／傑風廣告實業有限公司
版　　次／二刷
出版年月／民國106年8月
定　　價／650元